被領導學

FOLLOWER

當下屬別只是坐著乾等，向主管學習，直接培養你的領導能力！

和主管靠得太近怕被說矯情；
關係疏離又可能被嫌不夠積極。
想大顯身手，要是光芒太露會被當成眼中釘；
什麼都不做，又會像個隱形人不被主管看見。
神啊！到底什麼時候才能出人頭地？

認清下屬位置，掌握與主管的距離，
學習被領導的藝術，飛上枝頭的日子就在不遠處！

⋯⋯⋯⋯⋯⋯⋯⋯⋯ 戴譯凡，原野 編著 ⋯⋯⋯⋯⋯⋯⋯⋯⋯

目錄

目錄

第六章　提升智商，不做冤枉的替死鬼

第七章　提升情商，真心關懷主管

第八章　培養品德，為自己聚光

目錄

第九章 自我管理，不做情緒的垃圾桶

第十章 用你的能力為自己加分

目錄

前言

　　怎樣提建議，才能讓上級欣然接受？如何在大顯身手時，不遮蔽上級的光芒？和上級的距離遠近，要怎樣掌握分寸？上級表揚你時，該如何應對？上級批評你時，你如何放對態度？正副主管「鬥法」，你怎麼選邊站？……

　　主管在很大程度上左右著下屬的成長。大到出國進修，小到短期培訓，沒有主管的推薦與簽字，機會是輪不到你手裡的。要獲得主管的垂青，做事與做人的工夫一樣也不能少。

　　領導別人需要藝術，被別人領導也同樣需要藝術。一個聰明的下屬，不僅全心全意地為上級服務，而且還能夠引導上級為自己服務。也就是說：上級領導他，他引導上級。

　　懂得「被領導藝術」的人，不是只顧埋頭拉車的黃牛，也不是自吹自擂的不學無術之輩，更不是傲視主管的獨行俠，而是懂得巧妙地接近主管，表現自己的才能，為主管分憂解難，從而引起主管的重視。他們也懂得不居功自傲，和同事和下屬和諧共贏。對於這樣的人，主管自然會慧眼看中而提拔、鍛鍊。如此，他們就完成了從草根向鳳凰的過渡和跨越。

　　為了幫助讀者成為上級最賞識的那個人，作者將管理學、處世藝術、勵志成功、心理學等都巧妙地融合在一起，從放對下屬的位置、懂得和主管交往的藝術、溝通的技巧、提升職場能力、職場情商等方面切入，對「被領導的藝術」進行了細緻入微的分析與講解。

　　開卷有益，祝讀者朋友們透過閱讀本書，能舉一反三掌握更多「被領導的藝術」，從而實現上下級的和諧、和睦，做更好的自己！

前言

第一章
要想做主管，先做好下屬

拿破崙（Napoléon Bonaparte）說：「不想當元帥的士兵不是好士兵。」相信每個員工的心目中也都有一個當主管甚至當老闆的夢想。那麼，怎樣才能實現自己的夢想呢？要實現自己的夢想需要先從做下屬開始。

沒有天生的領導者，再優秀的領導者也是從下屬中得到歷練，具備了領導能力後才完成從員工到主管的跨越。因此，先要認清自己做下屬的角色，放對自己的位置。只有在追隨主管中鍛鍊出自己傑出的能力，具備了領導才能，主管一定會發現你這塊金子，給你一個發光發亮的機會。

要做主管，先從做下屬開始

相信不論在企業還是在政府機關，不少人都有這種想法：唉！幫別人工作多辛苦，當老闆多好！

的確，老闆多威風啊！老闆受人尊敬，高高在上，不用上夜班，不用三班制，更不用一身臭汗去擠公車、搭捷運。坐高級轎車，出入宴會之類，會議出頭露臉的肯定是他們。只需在寬大豪華的辦公室中簽字、打電話、聽下屬簡報就行，而且不高興還可以把下屬訓一頓。

老闆多瀟灑！哪想爬山就能去，想登哪一座都可以。

老闆多清閒！員工累死累活的時候，老闆都在配有空調的辦公室中欣賞著自己員工為自己種植的各種花卉，談論著溫度加溼器的事情。

老闆多幸福！不但老婆工作體面，孩子就讀的貴族學校也令人羨慕。

總之，不論從哪方面說，老闆的生活都讓人羨慕的要死。因此，誰不想當老闆，連做夢都想。

可是，沒有人天生下來就能當老闆。每一個人都不是天生的管理者，每一個人都一定會有做下屬的經歷。如果你只看到了老闆現在無限風光的模樣，沒看到他們當下屬時辛苦打拚和付出的艱苦，你當然會心裡不平衡。

俗話說：「吃得苦中苦方為人上人」。要當萬人之上的主管需要先辛苦付出，不論是精力還是體力，你有這種吃得苦中苦的準備嗎？你具備能吃苦的拚命三郎精神嗎？

如果你感覺當個主管並不難，我也可以，那麼，你可以先看一下下面這個案例。

小王是學經濟管理專業的，當然他的目標就是做主管。於是，經過一年的鍛鍊後，主管成全他，先讓他去分公司管理一個員工小餐廳。這個小餐廳準備對外營業，擴大規模，主管讓小王去試一下。

餐廳人不多，只有兩位員工，一位大廚，一位幫廚，一位採購。這對小王來說，簡直是大材小用。小王想，這算什麼企業管理，閉著眼都能管理好。於是，他雖然不情願但也頗有幾分雄心壯志地開始大展身手。畢竟自己現在也是王主管了。但是，令小王沒想到的是，小餐廳麻雀雖小也是五臟俱全。從資金準備到裝修、經營管理等都需要他親力親為。自己要身兼多職，既要能端盤子還要能打算盤，完全不像自己大集團公司的辦公室，分工明確，專人負責，可以按時上下班即可。但是小王想自己不能退縮，否則經理會怎麼看他？一個小餐廳都控制不了，還管理大企業？因此，在小王的頑強堅持下，廠內餐廳終於完成了對外服務的轉變。可是，令他沒想到的是，客人增多了，麻煩的事情也跟著接踵而來。對外，工商稅務、衛生檢疫、安全等部門三天兩頭上來檢查需要應酬；對內，需要管理採購大廚、降低成本，至於營業推廣之類更需要他籌劃。如果說這些他還可以勉強應付，可是，那些喝醉酒拍桌子叫罵的顧客卻不是他能夠應付得了的。

小王大學時，最看不慣的就是把餐廳當成梁山好漢的聚義廳，動不動挽袖子捋手臂不一醉方休不夠義氣的人。可是，飯店本來就魚龍混雜。如

果看不慣怎麼做生意啊！於是，每當有這樣的客人就餐，小王就只皺眉頭。結果，這種討厭和擔心被客人看到了，他們一傳十十傳百，生意急轉直下了。對此，小王沒有回天之力，他向經理匯報後，經理讓他回原來的部門。這下，小王又開始原地待命了。此時，他才明白，主管並不是誰都可以做好的。

由此可見，當主管不僅要能吃苦，而且還要能玩轉各方面的關係。在下屬面前，你是主管，要身先士卒，做出表率；在大主管面前，你是下屬，要能為主管解決問題，克服工作中的阻力；在客戶面前，你代表組織，你的一言一行都是組織的形象，稍有不慎就會給組織帶來損害。因此，如果你不具備這十八般武藝。更不用說，你的生活規律會被打破，餐桌上寧可喝吐也要讓客人滿意。因此，主管需要勞心勞神勞力，並不是誰可以當的。

也許你會說，我不去那些服務業或者愛應酬交際的行銷公關之類部門當主管，不會遇到小王這樣的事情。可是，去哪個部門當主管不是你自己可以決定的。而且，不論去哪個部門，都會面臨和人打交道的問題，不論是和同事，還是和客戶，和政府管理部門。如果你的性格只適合在清高的部門埋頭做學問，那麼，即便當主管也當不好。

如果你明白了當主管需要具備的素養和能力，如果你感到自己目前的能力不適合當主管，那還是安安心心地當好下屬吧。這是做主管的起點和必經之路。如果在做下屬的過程中表現出了自己的優秀和過人之處，與主管配合默契，何愁主管不重用你？

放對下屬的位置

　　不論在任何團體中，都有這樣的員工，雖然他們不想扳倒主管特別是自己的主管，但是在工作中也常犯這樣的錯誤：工作越位，不在其位卻謀其政；不向主管匯報，擅作主張；故意給主管難堪；不虛心接受批評等。

　　以上種種，就沒有放對自己的位置，盡到下屬應盡的職責和義務，結果呢？弄得主管尤其是那些心胸狹窄的主管對此耿耿於懷。於是，主管處處給你「陷害」，或不動聲色的給你「刁難」。

　　小亮畢業後在一家大公司做設計師，但是，可能還不適應大都市緊張的生活節奏，有時上班會遲到。雖然每次都不會遲到多長時間，可是主管對他已經明顯表現出不滿。

　　一天，小亮又遲到了，主管不滿地問：「怎麼又遲到了？」

　　小亮無所謂地回答：「鬧鐘沒響啊！」

　　主管發怒了：「天天都不響嗎？如果我今天送你一個準時的鬧鐘，你明天是否會說自行車故障了？」

　　「你可以送我一個試試看啊。」小亮也毫不示弱。

　　可是，令小亮沒想到的是，下午他就接到辭退書。當然連理由都不解釋。

　　像小亮這樣的員工就是沒有放對自己的位置。他不但沒有認識到自己的錯誤，而且不尊重主管，對主管的批評也不虛心接受。因此，在工作中常犯這種毛病的員工，首先應該明白自己做下屬的角色，給自己一個準確定位，這是做好下屬的前提。

▎明白下屬的角色

　　在公司中，員工首先要想到的就是配合主管、協助主管做好工作的

人。這正如在大海中航行的輪船一樣，水手們都要配合船長，才能一起乘風破浪。如果下屬都以自己的主見為行動原則，那麼，就不能產生強有力的凝聚力，也就不利於公司向前發展了。因此，處處時時都要以主管為主，而不是自己獨斷專行，更不能讓自己的光芒遮蓋主管。如果這樣做，明顯是把自己和主管對立起來了，只能使火上加油。

▌總體決策少插話

在企業中，雖然員工可以參與公司和本部門的一些決策，但是什麼級別的人做什麼樣的決策，是有限制的。比如：一些總體類的決策，就是主管們的分內之事。你作為下屬或一般的普通職員雖然可以參與，但也只是參考而已，因此，下屬還是不插話為妙。畢竟，由於職位所限、能力所及，你沒有主管的開闊視野和英明的決定。因此要視具體情況見機掌握，切不可無目的地天馬行空亂說一通。那樣，會浪費主管的時間。而且，言語不慎之處只會讓他們覺得不夠內斂。

表態要注意身分

表態，是表明人們對某件事的基本態度，可是如果超越了自己的身分胡亂表態，不僅是不負責任的表現，而且也是無效的。因此，當主管就某一問題徵求下屬的意見時，要注意表態和自己的身分相符。

作為下屬，如果主管沒有表態也沒有授權，你卻搶先表明態度，就會給企業形象造成無法挽回的影響。因此，表態要謹慎。比如：在企業突發事件的危機公關中，你作為新聞發言人，對帶有實質性質問題的表態應該是由主管或主管授權才行，而不能自己想到就說。

另外，有些問題的答覆，往往需要有相對的權威。作為職員、下屬，

明明沒有這種權威，卻要搶先答覆，會給主管造成工作中的干擾，也是不明智之舉。

▌工作不越位

在工作中，有的人不明白職位不同，分工不同的道理，不論是不是自己分內的工作都搶著做。實際上有些工作，本來由主管出現更合適，你卻搶先去做，從而造成工作越位，吃力不討好。

比如：在某企業的一位出納，看到工人在大冬天工作手都凍裂了。於是在跑銀行時自作主張去採購了一些手套回來交給了辦公室。結果，辦公室主任很不高興。這種福利用品發放本來是辦公室主任登記後根據用量和需要簽字才可以購買的。出納這樣做，無疑於侵犯了他的工作權限。因此，這位年輕的出納好心辦了錯事。

▌場合不越位

不論任何組織，都難免會有一些應酬會議公關類的場合。此時，下屬的熱情過高，表現過於積極，就無法突出主管的形象。

可是，有些人不懂得這些，特別是一些熱情有餘、血氣方剛的年輕人，某些場合表現得過於積極和顯眼。比如接待客人，便搶先上前打招呼，不是先介紹主管；至於在餐桌上，不管主管在不在場，而是自己憑興致推杯換盞。這樣做，即便是無心無意，主管往往會把這視為對自己權力的侵犯。

遇到這種情況，如果自己不思悔改，時不時犯這樣的毛病，主管就會視你為「危險角色」，甚至設法來「制裁」你。這時，即使你有意和主管配合，也為時已晚了。

也許，有人會認為主管都喜歡無能無力、拍馬屁的下屬嗎？當然不會。主管並非不欣賞你的才能，而是提醒你注意自己和主管相處的藝術。

既然員工在企業這個群體中，就應該各司其責，要清楚自己的位置。處在什麼位置就盡什麼責任，不要多此一舉。因此，在和主管的相處中，要明白自己的角色，不要做吃力不討好的事，更不要讓自己這片綠葉掩蓋主管的光芒。

不要處處和主管唱反調

雖然，在職場中人人都明白只有先做下屬才能做主管的道理，可是並非人人都能做到這一點。有些人也許是能力所致，也許是性格所致，就是看不慣主管。有些人年輕氣盛、自視過高，反抗心理嚴重，對主管看不慣；還有一些人由於自身利益一時難以得到滿足，於是對主管產生一種強烈的排斥感，專門跟主管作對較勁，總想把主管取而代之。這樣的現象不論在企業還是在機關中都會發生。

某些人自詡為比主管聰明，是該部門員工心目中的「頭兒」，特別是在面對無能的主管或者是有些失誤的主管時，其典型的表現是：先是對主管的錯誤指手畫腳；之後越級上報；或者劃定自己的「一畝三分地」，不接受主管；或者上告不成後自己做山大王，代表「群眾」和主管「抗爭」。他們振臂一呼。整個部門的群情激湧，紛紛響應，個個出謀劃策，非要將主管扳倒不可。

可是，結果呢？這種行動究竟有多高的成功率？其實，這些實際上是一種極其幼稚的表現，最終淘汰的是自己。

常年在職場混的人，多少都見過幾次抱團抗爭成功的現象。一般下屬抱團抗爭，都會帶來三個結果。其一是公司和下屬決裂，大家一拍兩散；其二是公司管理層對下屬各個擊破；其三是先答應下屬要求，然後再一個個算總帳。

職場就是利益場，每個主管都優先考慮自己的利益。在主管們看來，下屬抱團和主管作對，相當於剝奪了主管的權力，無法顯示出主管的權威性；而且這樣的資訊一旦散布出去，其他員工也會上行下效，因此是絕對不可能容忍的。就算某些員工掌握著公司的機密甚至主管的一些不可告人之處，認為可以以此要挾主管，那麼，主管寧肯讓公司的利益受到損害，也不會讓自己地位受到挑戰和動搖。至於認為自己的能力和地位都在主管之上，試圖做自己部門的「山寨大王」，另立山頭，恐怕更行不通，得到的只能是殺雞儆猴的結局。最終那些勇於起義鬧事的人無疑就是被推上「斷頭臺」的好戰的公雞，最後還會落得聚眾鬧事的罪名。

因為這一切都是企業的現狀所決定的。在等級分明、產權清晰的職場上，職場中 80% 的權力集中在 20% 人的手裡，在企業中，老闆更是一股獨大，是絕對的最大的主管。如果冒犯了他的權威，他可能就會讓你捲鋪蓋走人。由此可見，人多力量大，並不是絕對的，至少在職場上就不適用。下屬抱團越緊，主管就絕對不會對此妥協，只能加深矛盾，越來越難調和。而且，即便是下屬獲勝，對自己的職場生涯也沒有什麼好處，即使未來跳槽，這種經歷也會產生大量負面作用。因為，在主管們看來，沒有人會欣賞一個勇於和主管叫板的英雄，反而會認為你不聽話愛鬧事而把你拒之門外，因為主管掌握著用人的話語權。

因此，就算主管真的有些缺點，也不要錯誤的認為把主管從管理職位上轟下來，自己就有機會取代他的位置。其實從管理的角度來看，即便你的主管表現不行，通常上級也會認為是整個部門都不行，這樣，公司會從其他部門調一位主管過來任職，也不會從一群比較差的下級中提拔幹部，因此，想透過抗爭取而代之往往行不通。即便結果如你所願，最終你扳倒了主管，結果也只能是樹倒猢猻散、「唇亡齒寒」。下屬們最好的結局就

是不被開除，被其他部門收購兼併。

　　當然，這並不是說下屬就要忍氣吞聲，面對無能甚至失誤的主管也要跟著往火坑中跳。在主管確實有失誤時，可以用其他方式來表示，幫助他們改正錯誤，降低損失，而不是動不動就刁難主管或者試圖唱反調，打擊和扳倒主管。因此，有這種錯誤意識的員工需要端正自己的認識，改變自己頭腦中根深蒂固的錯誤觀念。否則，就是沒有悟透被領導的藝術。

員工和主管是共生的關係

　　其實，在任何組織中，下級和上級，和組織、和主管都是共生共榮的關係。任何一個組織都像一個大家庭一樣，這個大家庭是所有員工的利益共同體。雖然其中有管理架構上的等級劃分，但是每個員工都是大家庭中的一員，只有和諧統一、步伐一致，組織才會發展。反之，如果總是窩裡反，無法團結起來一致對外，沒有向心力和凝聚力，整個組織就會受影響。

　　這個道理，連動物都懂得。

　　在非洲的一些地區有一種大家熟悉的灰色小鳥，名叫「響蜜鴷」。這種鳥與當地居民就是共生的關係。

　　在非洲的森林裡有許多野蜂窩，村民想採蜜可是不知蜂窩在哪裡？於是，響蜜鴷若發現一處野蜂窩，馬上就飛向附近的村莊，從一間茅屋飛向另一間茅屋大聲地吱吱叫，這時村民們立即緊跟著這隻大喊大叫的鳥兒到森林去。

　　在響蜜鴷的帶領下，人們從一處灌木叢奔向另一處灌木叢，來到野蜂窩旁邊，於是人們搗毀蜂窩，取出蜂蜜。而響蜜鴷也從那些蜂窩中會汲取到一些村民們留下的蜜。可是，如果依靠牠自己的力量，卻無法戰勝眾多的蜜蜂。

其實，在職場中，員工和主管的關係也是這種共生的關係，主管和下屬本是一對合作方，合作得好才會雙贏。只有互相配合，共同採到更多的蜜，促進企業的發展才是目的。企業發展了，主管和員工的待遇和地位都會獲得提升。

再者，從管理分工來看，主管是幫助員工成長的人。一個領導者不僅要對企業、上級承擔責任，也要對自己的下級承擔責任。作為管理者，組織賦予他們的地位和權力就是讓他們領導、幫助下屬進步和成長，給予下屬激勵和引導、發揮每一位成員的創造性，使整個團隊穩健地向前邁進。而且評價和衡量一個管理者是否合格的標準，就是他所領導的團隊對組織做出的貢獻。在這種目標和前提下，每一個主管都希望下屬在自己的培養下，不斷進步成長，做自己的得力助手，給團隊一個驚喜。沒有人會會故意和下屬作對，妨礙下屬上升和成長的空間。如果是那樣，組織高層就是做出撤銷他們的命令，用不著下屬自下而上的反抗。

其實你和你的主管是「一根線上的螞蚱」。你們要想成功就得同舟共濟。因此，在工作中，不要把主管看成是妨礙自己成長的人，處處和主管唱反調。如果得罪自己的主管，所有機遇大門就都會隨之轟然關閉。而且，如果不小心讓競爭對手利用，那麼對企業的打擊會更大。在歷史上，離間計都是從下屬和上級之間的矛盾開始的。最後，員工被冤死屈死的不在少數。

因此，聰明的下屬是絕對不會跟主管較勁，而是想方設法去與主管合作雙贏。比如主管是個場面人，喜歡做面子文章，那他們就在細緻上下功夫、多解決一些實際問題；如果主管喜歡親自跑業務，那他們就得安心守家，把公司的事情擺弄明白；如果主管性格豪爽，動作大刀闊斧、不善於算小帳，他們就會精打細算，做好主管的管家婆。總之，這些員工會和主

管互相配合，相得益彰，共同推動該部門工作的發展和提升。如此，也帶動了企業工作的順利發展，主管滿意，老闆也會滿意。如果主管得到提升和重用，他們絕對不會忘記這些配合輔佐自己的員工。

另外，與主管共生的表現是在主管遇到困難時對他們也不離不棄，想辦法幫助他們度過難關。這樣，你的忠心和良好品德也會提升個人的品牌價值和影響力。為自己贏得良好的口碑。

總之，無論從哪方面來說，與主管共生是做下屬的明智的選擇。我們知道，主管是一種寶貴的資源。主管之所以能率領部屬，肯定有其過人之處。如果你想成為主管，首先需要充分利用這個巨大的資源寶庫。要用好這一資源，得到他們的幫助，首先就要與主管建立和諧的關係。

而且與主管為善便是與己為善，可以保證自己個性的良好平衡，避免走極端；同時，也可以為自己構建寬鬆和諧的人際氛圍，讓自己身心愉快地投入工作中。既然這樣做於己與人都有利，何樂而不為？

做個傑出的追隨者

大部分的員工應該都是不甘於平庸的，都有做領導者的夢想。可是，只有做好合格的下屬，你才有機會做領導者。古往今來，領導者多是從追隨者起步。而優秀的追隨者成就偉大的領導者不在少數。因此，作為下級的你，首先要記住，只有很好的配合上級開展工作，把本部門的工作一起做好，讓你的上級有獲得提拔的機會，那樣你才有機會被上級推薦或發掘。所以說，「要做優秀的領導者，先做傑出的追隨者」，那樣才能完成從一般員工向領頭羊的轉變。

那麼，怎樣做才是卓越的追隨者呢？

追隨自己的夢想

對於眾多的普通人而言，我們追隨的是什麼呢？僅僅是一個企業、一個人嗎？或者是優越的職位、令人羨慕的薪資嗎？如果是那樣，你的理解就錯了。不是的，我們要追隨自己的夢想，而領導者無疑就是這個夢想的化身。正因為如此，我們才充滿了前進的動力，才會因每向目標前進一步而充滿了喜悅和自豪。

在美國歷史上，喬治·華盛頓（George Washington）和湯瑪斯·傑佛遜（Thomas Jefferson）是一對最佳搭檔。為了美國這個新生的國家，傑佛遜獻出了高貴的頭顱中的智慧，華盛頓獻出了心中的偉大的熱情。他們在一塊沒有歷史的土地上締造了一個偉大的國家。

但是在傑佛遜眼裡，他追隨的並不只是華盛頓本人，而是自由獨立的國家夢想。

由此可見，那些成就一番事業的人們，正是因為感到領導人就是夢想的化身，跟定他們能實現自己心目中的目標，因此才無怨無悔，才有了後來令人羨慕的成就。因此，如果你認定追隨一位領導者能實現你心目中的理想，那麼就會義無反顧。

理解主管的思路

要做卓越的追隨者，就要充分理解主管的工作思路，這樣才能掌握主管工作的重點。

因為主管高屋建瓴，放眼全局，他們對公司的發展方向有總體的掌握，會提出長期的目標和計畫。因此，要想在高效執行，就要摸準主管的意圖，這樣才能做到有的放矢，抓大放小。

幫助處於困境中的主管

追隨主管並不是指享受他們的成功和榮譽帶來的光榮，當主管處於困境中，下屬更要給予幫助和支持。在主管工作受阻時要主動請纓充當先鋒部隊，要自覺分擔、接受最苦最累的任務，幫助主管掃平前進道路上的困難。如果因為主管能力有限出現失誤，也不要在外妄加評論，而要幫助他維持其主管形象，幫助他改正錯誤。

適當管理主管

另外，做優秀的下屬還要學會管理「主管」。對此，很多員工可能不理解，自己只是被管理者，怎麼可能位置顛倒，去行使管理職能，而且居然是管理自己的主管呢？殊不知，主管也是需要管理的。在現代社會，下屬不能只單純地扮演一個角色，如何「管理」好主管，已成為一個優秀員工的衡量標準之一。

管理大師彼得‧杜拉克（Peter Ferdinand Drucker）說過這樣一句名言：管理主管是下屬的責任和成為卓有成效的經理人的關鍵。主管畢竟不是各方面都優秀的人，作為下屬就需要幫助他們彌補缺陷，及時矯正他們的錯誤。當然，這種管理和上對下的管理不同，它展現的是做下屬的忠誠敬業和輔助主管的智慧。相反，那些坐視主管犯錯誤卻不聞不問的下屬才是沒有責任感的展現。

比如有些主管虛榮心太過度，不顧企業實力四處投資，下屬就要及時制止了。

提醒主管

一個卓越的跟隨者必須有高度的責任感和先見之明。當自己感到主管做出的決策可能會出現問題時，一定要在合適的時間、合適的地點建議主

管，以便產生後患。在這方面，張良值得稱道。

破秦之後，劉邦想大大地驕奢淫逸一番，但是這樣下去勢必對團隊造成不好的影響。因此，朝中有人勸說他收斂一些，可一律被劉邦當成了耳邊風。

眼看著老闆帶領大家奮不顧身地往驕奢淫逸的火坑中跳，張良感到需要管理一下這位頭腦發昏的主管了。張良對劉邦說：「沛公，你是怎樣得以進入這座宮殿的？」

劉邦說：「是舉義旗，興義兵，一路攻殺過來的。」

張良說：「正是因為秦王朝荒淫無度，觸怒了老百姓，才使您得到舉義旗的機會啊！現在沛公想取秦而代之，就要以節儉有度來爭取民心。否則失去民心就失了天下啊！」劉邦聽了悚然動容。

張良在這裡很懂得提醒主管的藝術，處處從維護劉邦的利益考慮，說服了劉邦。

總之，做一個卓越的追隨者需要有德有才，當然，除此之外，他們還必須符合追隨者的期望。他們不會越位，也不會和主管分庭抗禮，會和主管配合的相得益彰，提升組織的效率。因此，那些善於管理主管的下屬也是主管們受歡迎的。

在做好下屬中歷練做主管的能力

無論在哪個領域，都沒有天生的領袖，他們的起點都是員工。他們之所以能變成偉大的領導者，是因為他們在為人工作或者追隨主管的過程中不斷地豐富自身，不斷成就卓越的。不能想像，如果一個人連任務都作不好，連一項工作都處理不好，那麼他如何面對創業時所面臨的各種紛繁複雜的事務呢？

因此我們可以說，在做好下屬中同樣可以歷練做主管的能力，只有做個偉大的追隨者，才能最終成為偉大的領導者。明智的追隨者會現透過從領導者那裡獲取如何當主管的知識。

可能有人會說，那些出身於富豪顯貴之家、不用工作的人，生來不就是當老闆的料嗎？非也！哪怕是在家族企業中，他們也要先當下屬，從基層開始，經過一番歷練後，掌握了管理的藝術，才能被安排到主管職位。在這方面，李嘉誠就很注意培養兒子。

童年無憂的李家兄弟，本來會是嬉戲玩樂的年齡，可是，他們早早就開始接觸主管的生活，看看主管們是怎樣辛苦工作的。

在李澤鉅、李澤楷八九歲時，即被安排在公司董事會上，靜坐一旁。在兩兄弟念中學時，李嘉誠就帶他們到公司開會。在嚴肅的會議室內，乖乖地正襟危坐。李嘉誠這樣做的目的就是，讓兒子知道，做生意不是簡單的事情，做一個大公司的主管更是不易，要花很多心血，開很多會議，研究許多問題，甚至把他人休閒的時間都要用上……，讓他們早早懂得做領導者的不易。

李嘉誠不但讓兒子們提前了解領導者的生活，而且從各方面鍛鍊他們先做下屬的能力。在李澤楷大學畢業後，李嘉誠沒有安排他到在自己加拿大的公司上班，像其兄一樣打理家族生意，而是讓他進入一家投資銀行從事電腦工作，做一名靠薪資度日的員工。後來，當李澤楷在父親的指令下回港後，本以為可以在父親的公司裡大小當個領導者，但是，李嘉誠只安排他到和記黃埔做普通職員，而且薪水連清潔工都不如。

最初的日子，李澤楷向父親抱怨薪水太低，還不及加拿大的 1/10，甚至都抵不上清潔工。但是，李嘉誠說：「你是先鍛鍊的，需要從基層開始。等你具備了能力，薪水自然會高。而且，現在，我的薪水才是全集團

最低的！」

　　李嘉誠這樣做的目的就是讓兒子在從一般員工做起，從做下屬的歷練中逐步得到鍛鍊，憑自己的能力才能具備做領導者的實力和才能。同時也讓兒子明白，做領導者並非都是好處占盡，功勞占盡，而是需要先為集團公司的發展考慮，也需要吃苦在前，吃虧在前，享受在後。

　　正是因為李嘉誠這樣言傳身教、精心培養、嚴格要求，現在，他的兒子們都做到了稱職的領導人的位置，他的集團公司在兒子們的領導下才劈荊斬浪、在商海中奮勇搏擊，一路領先。

　　總之，不論在職場商場還是官場，要做好主管就要先做好員工、做好下屬。因為只有在做員工的過程中，才會在底層和基層得到鍛鍊；只有在當下屬中才能明白怎樣和主管溝通，配合主管，把主管的意圖和命令明白無誤地貫徹到底。在配合主管中，你也了解了做主管的辛苦，懂得了做主管需要具備的素養和能力。那麼，主管自然會看重你，有意識地鍛鍊你、提拔你。你做起主管來才會得心應手。

第二章

跟狼型主管吃肉，不跟羊式主管吃草

俗話說：跟著狼吃肉，跟著羊吃草。在員工追隨的主管中，也有能力優劣、品德優劣之分。

好主管不但能引領你選擇正確的職業發展方向，而且無論從能力、品德等各方面他們都會幫助你得到提升。他們在某些方面擔負了父母的責任，老師的義務。而且，在工作中，他們重擔敢挑，能表現出過人的才能，公司的資源也會向他們匯聚。他們也會給下屬充分的才華施展空間。對於剛剛離開父母溫暖的懷抱踏入複雜的社會的年輕人來說，這樣的主管無疑是求之不得的。

因此，當你認定這樣的主管值得跟隨時就義無反顧地追隨吧，跟著他們可以讓你少走彎路，快速提升自己的職場能力，讓你步入財富快車道。而對於那些不適宜追隨的，還是遠離甚至另謀高就為好。

好主管比好公司更重要

在人的一生中，絕大部分時間都要在職場中度過。可是，初涉職場的年輕人難免有各式各樣的困惑：是找個好公司，還是跟個好主管？

這個問題，其實跟升學擇校是同樣的道理。是選個好學校？還是選個好老師？事實證明，多數家長都在幾番糾結之後，選擇了好學校。理由是好學校裡面，好老師的比例會更高些。因此，基於這種認識，一般職場人的選擇也大多偏向好公司。好公司的優勢是：能提供一個相對優秀的平臺，能開闊眼界、豐富見識。既進了好公司，又遇到了好主管當然是最理想的情況。可是，也有例外的情況出現，好公司並不一定就意味著你能遇上好主管。如果主管不看好你，你在一個相處感到彆扭的主管手下做事，肯定會非常麻煩。

我們知道，主管對下屬有著組織、指揮、調度、控制、平衡、協調的

作用；他可以憑藉自己的有利地位，按照工作的需要和自己的意願，施加強有力的影響。如果主管看你不順眼，那麼，即使工作環境再好、工作績效再高都無濟於事。對職場人士的一項調查結果表明，有 80% 的下屬要求調動工作的原因，都和與主管關係不好有關。不是主管不看好自己就是處處刁難。在這種情況下，可想而知，你怎能有心情工作，從哪裡尋找到自己發展和上升的空間？如果只是因為依戀大公司而委曲求全自己，從長遠方面考慮，會耽誤自己的發展。

一個人從出生來到人間以後，很多時間都是在工作中度過的，其中，和主管相處的時間可以說最長。如果說家長在培養我們年少時的生活能力，老師在培養我們學生時的學習能力，而主管則在培養我們步入社會後的職業能力和為人處世等各方面的能力。

優秀的主管不但能使你了解工作的意義，讓工作變得輕鬆有趣，他們還能在各方面關心你，你會感到工作環境就像家一樣溫暖自由。一個好的主管，可以巧妙地處理好下屬與上級的關係，從而創造一個和諧的工作氛圍。生活工作在這樣一個群體裡，你會感到無比幸福快樂。而且，好主管工作中有很多經驗、思路和方法，他們可以像好師長一樣教給你很多經驗和方法。總之，一個好的主管，可以給你一個自由起飛的天地，讓你充分施展自己的才華；一個好的主管，有著海納百川的胸懷，可以包容你的年輕幼稚和激進，及時幫你糾正錯誤，引領你到正確的方向；一個好的主管，不僅僅教你做事，也教你做人，他們會將人生的經驗傾囊相授，為你指點迷津，避免你走上彎路；一個好的主管，可以成為你人生中的貴人，成為你事業上的良師益友，帶你快速進入成功的殿堂。

對於團隊而言，一個好的主管可以增加團隊的凝聚力，帶領團隊克服重重困難，攀越一座又一座巔峰，從而到達成功的彼岸。

　　毫無疑問，能有一個優秀的主管是人生中最好的體驗之一，甚至，你會感覺到自己好像是找到了一個失散多年的好友一樣。因此，不論是大公司還是小公司，選擇好主管比好公司更加重要。特別是那些去不了大公司而是在中小型公司工作的人，更要關心有沒有一個好的主管。因為在這一類公司，人的因素往往超過制度的作用。主管對你的信任度和支持力度就會決定你能做出多少成績。如果你希望有充足的資源支持，那麼切記要選擇一個好主管。好主管會將你這張整潔如新的白紙，描繪出絢麗多彩的顏色。

　　雖然主管可能會變動，而且優秀的人，也自然會向好的公司流動。但即便這樣，日後不能和他們在一起，也可以鍛鍊自己獨當一面的工作能力，以後或高升或獨立創業，都打下了勇於獨立作戰和善於應對各種困難挑戰的良好的基礎。

好主管會幫你選對發展方向

　　初入職場，許多人不明白自己的職業定位是什麼，也不明白自己的優勢是什麼，如何把自己的優勢和職業結合在一起。在他們看來，自己就是被動地為企業工作，像螺絲釘一樣擰到哪裡就在哪裡，自己沒有絲毫的主動性。在這種情況下，不僅他們的工作毫無熱情，而且也會影響工作的效率，更不會成為什麼人才。即便有些人所學的知識在工作中派上了一定的用場，但是也不能保證他們就會熱愛自己的職位，工作起來就能得心應手，脫穎而出成為人才。因為他們不清楚自己的強項在哪裡？沒有讓強項發揮出來，當然也就沒有找到適合自己的發展方向。

　　當你為自己的職業生涯感到困惑時，當你為自己成長的方向感到迷茫時，好主管可以幫你一把。因為他們在多年的職場打拚中具備了識人用人

的能力。雖然這些主管不一定都是學富五車的專家教授，也不懂多少人力資源的理論知識。但是，他們的經驗都是從社會大學摸索出來的。他們清楚，每個公司用人的標準不一樣，每個人蘊含的各種潛能也不一樣，而且評價人才的標準是多方面的。

小彭高職畢業後想找份工作，由於競爭壓力比較大，一直沒有找到合適的公司。最後，在親友的介紹下，他到一家飯店工作。小彭沒有學過什麼餐飲管理，對菜餚之類的知識也知之甚少，真不知道自己在飯店有什麼用武之地，更不清楚自己的未來會是什麼樣子。當然，工作中也感到無所適從。

一次，小彭與經理一造成外面去做事。在一起吃飯的時候，經理對他說：「年輕人，現代社會人才競爭非常激烈，要想混出來需要找到自己的強項。你知道自己的強項是什麼嗎？」小彭搖搖頭。

經理說：「你沒有發現自己在公關上很有一套嗎？在我們這個行業，處理好各方面的關係很重要。但你的這些強項都沒有用上，太可惜了。」

小彭聽後大吃一驚，他從未聽人這樣誇過他。不論老師同學還是父母。小彭沒想到，經理沒有讀過多少書，但是卻具有這方面的能力。他不好意思地笑了，很感謝經理對他的誇獎。

本來經理就是處理人際關係方面的能手，這以後，經理在這方面有意指點小彭如何處理飯店的各種人際關係，不論對內還是對外。小彭感到自己在這方面受益匪淺。

在接下來的幾年中，小彭又自學了公共關係學等理論知識，利用工作之餘去進修。沒有幾年，他就成為飯店的公關部經理。飯店的發展也離不開他各方面熟練而得到的周旋。

如今的小彭很慶幸，自己遇到了及時為自己指點迷津的主管，而且自

己的主管在這方面就是能手。在主管的幫助下，大大縮短了自己奮鬥的路程。當然，小彭的父母看到兒子有如此進步也感激經理對他的栽培。

就像一個適合打籃球的運動員在打乒乓球的教練手下肯定得不到發展一樣，適合打籃球的運動員當然應該選擇籃球教練。這個道理誰都明白。但是在職場上發展，員工對主管畢竟不是自己可以隨便選擇的，更何況，有些人還不明白自己到底適合打籃球還是打乒乓球。在這種情況下，好主管會為你指明發展的方向。如果他們發現下屬對自己的職業生涯感到迷茫時，也會發現他們的特質，並且對他們進行正確的引導。

當然，主管多種多樣，有些擅長人際關係處理，有些擅長技術攻關，有些擅長市場開拓，有些人融資理財有一套。而且他們還有性格內向外向之分。因為他們的能力愛好甚至性格不同，在工作中側重點和發展的方向也會不同，處理工作的方式方法也各有千秋。而且他們也希望自己能得到有一定發展潛力的下屬。如果下屬在理想追求、愛好情趣甚至性格等各方面都和自己有相投之處，這對主管來說也是求之不得的。下屬在這樣的主管領導下也能很快脫穎而出。

可能有些人會說，我擅長技術，可是我的主管擅長管理；我喜歡安安靜靜地鑽研業務，他喜歡急急忙忙在外面開拓，怎麼辦？沒有出頭之日了嗎？也不是這樣。好主管會為你設計出職業上升空間。

比如：有位高級工程師感覺自己再往上發展就應該做經理了。可是工程師對管理並不感興趣，或者說並不適合管理。因此，他的主管回報給人力資源部後就為這些工程師們設立了平行的職業發展管道，讓他們在專業的路上發展下去，最後也可以做到和經理一樣高的級別。雖然工程師在行政管理上需要向經理匯報，但其實是一樣的級別，在薪資福利上都是一樣，甚至在專業技術上可能比經理賺的薪資還多。

　　對於這種設計，工程師們就很感謝主管的及時指導，讓他們明白了自己的發展方向，不會因此怨氣沖天甚至跳槽。

　　總之，好主管會幫助員工清晰自己的定位，並且幫助他們規劃好職業發展方向。因為，相比起人力資源部門來說，員工和主管相處的機會最多，主管對他們也最了解。因此可以說，主管就是你發展方向的明燈。

千萬要選擇賞識自己的主管

　　傑克‧威爾許（Jack Welch）說過，一個幸運的職場人擁有三個必備條件：「一份自己喜愛的工作，一個呵護自己的家庭，還有支持、賞識自己的主管。」

　　職場中，每人都有主管，誰都希望得到主管的賞識。因為主管是自己的直接領導，如果說其他部門或者更高層的主管鞭長莫及的話，自己的一舉一動都在主管主管的眼皮子底下。因此主管欣賞自己，其工作績效容易被主管發現，並較易得到升遷的機會。因為主管掌握著人才的培養、鑑別、選拔和使用權力。

　　從情緒方面來看，如果主管賞識自己，工作起來別特多順利、多幹勁了。可是，如果主管不喜歡你，器重你，對你的工作指手畫腳；可想而知，你會多煩悶了，哪怕你才高八斗也是枉然。

　　相信下面這樣的現象你肯定不會陌生：

　　主管對他所喜歡的下屬，左看右看都看不夠，即便是缺點看著也順眼，會想辦法掩護；同樣，一個被主管欣賞的下屬，上樓時有人扶，過河時有人渡，甚至不小心摔跤了有人替你用海綿墊在身下。可是，被主管嫌棄的下屬呢？職場悲劇就拉開了序幕：工作中，那些徒勞無功的工作常常會「幸運」地光臨你。雖然和同事做同樣的工作、花同樣的力氣甚至工

作做得不錯也會找碴故意貶低，或者拐彎抹角把你的成績抹殺掉。而且，當你面對棘手的工作束手無策時，不告訴你怎麼做，不協助你去完成，甚至坐視你向徒勞無益或錯誤的方向走。如果做好了，頂多一聲「那是應該的」；要是搞砸了，那可是對你借題發揮，狠狠批評的大好時機。

工作之餘，主管見到你也總是板著臉孔，皺著眉頭，甚至你想打招呼都不給你機會。可想而知，遇到這樣的主管，下屬的情緒當然受挫，意志就會消沉，自然也就沒有心思做好工作。

由此可見，找到欣賞自己的主管多麼重要。如果你問問那些與自己同時走上工作職位、但是幾年之後就很快晉升的人，他們的進步離不開主管的賞識、主管的幫助和提攜。你再翻開那些成功人士的奮鬥史，你可以看到，他們的身邊往往有欣賞他們的主管的身影。正是因為他們受到了這些主管的提攜與幫助，最後甚至超越了主管的輝煌。因此，要想在人生的路上飛躍式發展，選對欣賞自己的主管是多麼重要。

要知道哪種類型的主管欣賞自己，需要下屬自己練就一雙慧眼。因為上下級有別，即便主管欣賞你有時候也不一定會告訴你，甚至，有時候，會正話反說。因此，做下屬的要機靈一些，在這方面動動腦筋。

▌了解自己是否和主管趣味相投

俗話說：物以類聚人以群分。按理說，主管評價下屬，應該以其能做與否為標準。但實際上並非如此，因為人是情感類的動物，總要摻有個人的偏見。僅從工作態度來說，有些主管就欣賞兢兢業業的；有些就欣賞敬業的；有些就欣賞拚命三郎式的。如果你和主管愛好相投、追求相投、甚至性格脾氣也相投，無疑他會欣賞你；反之則會把你視為另類。

因此，要讓主管欣賞你，首先需要了解主管的性情趣味。除了弄清楚主管的背景、他在公司中的歷史、事業抱負外還需要了解他的工作習慣、

性格秉性以及與個人愛好。知道這些，才能判定出自己和主管是否趣味相投。如果主管積極進取，你清心寡慾，那麼就是趣味不投；如果他身先士卒，你拈輕怕重；他重名，你重利，那麼也是趣味不投。

▌是否和主管志向一致

主管因為年齡、地位和實力才能的不同，有的追求職務的晉升；有的追求比較高的經濟收入；有的則追求比較安定的環境。因此，一定要選擇和自己追求志向相同的主管。

如果你的主管年輕有為、積極上進，對群體榮譽看得很重，公司那些粗活累活搶著做，而且從不計較；而你卻認為跟著這樣的主管除了苦累，在個人利益方面可能什麼也得不到，那麼就是志向不一致。這樣的主管肯定也不欣賞你的自私自利。

反正，如果你認同他的價值觀，那麼他積極奮進的鬥志必然刺激你的上進心，就會心甘情願地跟定他。那麼，一旦他被提升，不僅會給你空出位置，而且還有利於你今後的進步。因此，一些想奔遠大前程的人不妨找這樣的人，他們就是欣賞你的主管。

如果你的主管資歷深遠、德高望重，但是因為種種原因，他們在仕途上進入了停滯期，他們的志向就是在物質方面盡可能多得到更多的利益。那樣的話，對於想圖大發展的年輕人來說就是志向不一致，跟定他們無疑耽誤自己的前程。

如果你的主管是清靜無為型的，對名利看得很淡，對自己的提拔考慮得不是太多，甚至對部門的過錯也抱著將就粗心的態度。而你是個處處認真、上進心很強的人，主管會感覺帶領你這樣的下屬給他們的壓力太大。這種情況，也說明自己和主管志向不一致。

▌察言觀色

當然，主管們都是有修養的，即便不欣賞你也善於偽裝自己。因此，職場新人在對主管不了解的情況下，還可以透過察言觀色，從主管的一舉一動中觀察他們是否欣賞你。

俗話說：眼睛是心靈的窗戶，因此，察言觀色可以從他們的眼睛觀起。

有心理學專家分析說，主管如果用銳利的眼光盯著你，意味著他不相信你；如果閉上眼睛或者看別處不看著你，說明他不想評價你，或是他感到疲憊或心煩；如果友好、坦率地看著你，甚至還眨眨眼睛，表明他對你評價比較高或是想鼓勵你。

明白了這些標準，你可以對號入座測試一下主管是否欣賞你。

雖然做為下屬，在選擇主管方面比較被動，但是，在雙向選擇的時代，職場人在選擇公司時至少要對自己的主管有所了解。在這方面，職場新人要多和同事們交談，了解主管的核心價值觀。這樣才能有利於事業的發展，避免在職業生涯中少走彎路。

明白那些主管不易追隨

小玲高中畢業，在一家建築公司做出納。因為感覺自己學歷低，因此就盡量想用刻苦工作來彌補自己能力的缺陷。建築會計本來比其他行業複雜，於是，小玲就天天加班學習專業知識。

可是，一天，當她正在電腦上加班學習預算會計知識時，突然間停電了。第二天，主管找她談話，不陰不陽地說：「你是否總是不能在工作時間內按時完成任務，要靠加班來完成？你加班的一水一電，可都是公司的開支。」

　　小玲才明白，原來主管是擔心他要加班費。頓時，小玲的工作熱情受到了打擊。她沒想到，自己花費業餘時間來學習居然被小心眼的主管看成了是變相要加班費，心中多委曲！

　　在職場中，員工會遇到各種各樣的主管，或者是工作方式不對或者是為人處事方式不值得稱道，或者是心胸狹隘嫉妒猜疑心太強。這些缺陷有些無礙大局，有些確實令人無法忍受。因此，員工要明白哪幾種主管不值得自己追隨。如果你糊里糊塗地跟隨下去，那麼，你將來的前途肯定會葬送在他們手中。

　　首先，從性格方面來說，以下幾種性格類型的主管不適於追隨：

- **多疑型**：這類性格的主管典型的行為表現就為：總愛疑神疑鬼，無緣無故地懷疑他人與自己作對。成功時，他們會認為員工會搶他們的風光；失敗時會認為是員工故意為難他。

  跟著這樣的主管工作，員工的心理負擔之重可想而知，總是處於一種提心吊膽的狀態中。更可怕的是，屬下經常會有無處可申的不白之冤。因此，這種人能力再強也不是優秀主管的人選。

- **傲慢型**：傲慢型主管通常自命不凡。雖然他們在某方面也確實有獨當一面的能力，但是，正因為這種優越感，他們對待下屬總是採取一種居高臨下的態度。最糟糕的是，他們不太容易接受來自下屬的改革的想法，因為他們大多相信自己成功的經驗。因此，這類主管也不是優秀主管。因為一旦他們的自以為是導致失敗，他們會輸得最慘。因為他們平時的傲慢已經樹立了很多敵人，此時很容易遭到同儕的暗算。

- **嫉賢妒能型**：這類主管往往很有能力，然而心胸過於狹窄。他們通常會把那些有想法有創造力的員工視為一種威脅。如果你想借助他有所發展，無疑是行不通的。

- **吝嗇型**：至於那種總想壓低薪資，讓員工加班但卻不肯加薪資、沒有任何加班費、反而找藉口扣扣員工的主管，「既要馬兒跑，又要馬兒不吃草」，這種人能力再強也是人渣，因為他們沒有長遠發展的眼光，只關心蠅頭小利。他們也成不了什麼大事業，因此，還是毫不猶豫地馬上離開。

- **過於貪婪型**：這種主管總想魚與熊掌兼得，結果往往迷失了自己的方向，不知取捨，往往一樣也得不到，最後一定是兩手空空。

如果你發現自己的主管有以上這些性格特徵，而他們有不思悔改，在不能制止的情況下就要想法遠離他們了。

其次，從工作能力和工作方式來說，這些主管也不適於追隨：

- **沒有成功經驗的**：一個沒有成功經驗的領三怎麼能肯定下次一定會成功？

- **事必躬親的**：如果你的主管不問大小事都要親自參與，並且以此為自豪，你就應該想到，這種主管怎麼能期待下屬獨立工作？一位具備獨立工作能力的人，絕不希望這樣的主管常在身邊。

- **朝令夕改的**：這樣的主管可以說是最無信用的，他們常常言行不一，不僅會浪費員工的時間，而且在做人上也靠不住。有這樣的主管，下屬總是忙著做挖東牆補西牆的工作。

- **喜新厭舊的**：如果你發現自己公司的幾位「開國元老」，在老闆江山穩定後被「杯酒釋兵權」了，或者時間不長就會有員工不斷地離職，就要明白，同樣的故事最後也會發生在你身上。因為你的主管可能就是喜新厭舊型的，不論他是什麼原因，出於何種目的考慮。

- **只喜歡甜言蜜語的**：我們都知道，愛聽好話和喜歡奉承是人的天性，但如果一個主管連善意的批評和寶貴建議也都聽不進去，那麼他們離

失敗就不遠了，因為他們身邊都是奉承他的小人，矇蔽了他的雙眼，讓他看不見危機。

除了以上工作方式方法外，如果主管感情生活複雜，喜歡僱用年輕漂亮的女員工，終日拈花惹草，緋聞不斷，那麼，這樣的主管會將最寶貴的時間都耗費在感情糾葛上，無法冷靜地經營企業。

總之，員工了解主管的類型，是為了盡量疏遠那些不理想的主管，創造條件去接近心目中認定的比較理想的主管。能了解哪和類型的主管不可追隨，想必在職場中可以少受些氣。

好莊稼要種在沃土中

對於職場人士而言，能夠一路晉升可以說是施展才華、肯定自我的最好途徑。那麼，就像好莊稼要種在沃土中一樣，要實現自己的理想，就要選好部門、選好職位、選好自己的主管。這也是被領導的下屬應該掌握的一種藝術。

▌首選熱門部門

每個公司中都會有很多工作部門。而這些部門並不一定都是主管所關心的，有些就是一些常設的部門和基本上沒有什麼大變動的部門。主管最關心的，是關係到全局利益的工作部門。這些部門的工做好壞直接會影響公司的發展。比如：人事部門會直接影響到員工的錄用、選拔和團隊素養的提升；行銷部門會直接影響到企業的業績；客戶服務部門、公關部門會直接影響到企業的形象等。這些部門就是主管比較關心的。

因此，在選擇工作時要結合自己的實際能力和性情愛好，盡量選擇這些部門。在這些部門中你會得到多方面的歷練，也有更多脫穎而出的機會。

▌首選熱門工作

在每個公司中，都會有一些不急、不難、不重的工作，也會有一些較急、較難、較重的工作任務。有些人總是選擇前者，在他們看來，這些工作輕鬆不受累，何必選擇後者，去費力不討好。

其實，那些較急、較難、較重的工作任務常常是主管目前最關心的事情。因為這些工作任務和公司的發展密切相關，甚至對社會和經濟發展都至關重要。比如：在政府機關中，組織部門的幹部選拔工作，計畫部門的專案審批工作等就是熱門工作。在企業中，行銷、客戶服務等也是熱門工作。

因此，如果我們能以敏銳的觀察力，理解一個時期內主管的工作思路，以自己的最大才智和幹勁，把這些工作做好，那麼，無論在業績上還是上下級關係上，都能獲得事半功倍的效果。

但是，在一些特殊的情況下，關鍵部門不一定能做上熱門工作，而非關鍵部門也可以把熱門工作拿到手。這種偶然現象也和時代行業的發展有關。比如：衛生行業，非典流行時，防疫部門肯定是重中之重。可是在平時，卻比較清閒；再如，水利部門，汛期來臨時，防汛指揮工作也是關鍵。可是並非一年中所有的時間都需要這種緊張狀態。所以，這種偶然性多是可遇不可求的。

▌爭搶最關鍵的職位

所謂關鍵職位，是指在一個公司的工作中最有實際權威，對本部門整體工作起決定意義的職位。比如：部隊的作戰部門，企業的生產部門，地方政府的計畫部門，一般機關的綜合部門等。

▌挑選能鍛鍊人的地方

挑選了熱門工作後，還要挑選那些能鍛鍊人的地方。

如果你想掌握認識的機會，你不僅應考慮該從事何種工作，還應該考慮在何處工作。這是美國的銷售員迪克發自肺腑的聲音。

迪克在不到 10 年的時間裡，從公司一名普通的推銷員成為該公司的核心，34 歲就當上大公司的經理。他認為，環境對他產生了重大的影響。

因此，如果是做銷售，最好去人口多、地域廣，位置重要而繁華的地方任職。當然繁華的地方並不是讓你去享受，而是為了讓你爭取更多的市占率。因為越是那些地方，競爭對手越多。能否勝出就看你的本事了。

如果你是村長，最好到那些老少邊貧的西部地區去鍛鍊自己。那些地方雖然艱苦，但是可以鍛鍊自己的意志和在基層工作的經驗。雖然成功不一定都要經過艱苦的磨練，但是，現在的年輕人大多家庭條件好，沒有受過什麼苦。到基層去吃鍛鍊，一方面可以了解那裡的生活狀況，一方面可以鍛鍊自己獨立和吃苦的能力。這也是超越自我的必經之路。如果你總是有意識地挑戰自己，在競爭中就易取勝。

另外，不論在工作部門還是在工作職位的選擇上，不但要關心本公司的發展趨勢，還要關心本行業乃至社會發展的大趨勢。因為部門的選擇也和這些息息相關。除了分析自己，還要分析外在因素，包括分析企業、行業、社會。分析企業就是分析企業可以給你多大的機會和空間，這可以透過借鑑別人的經驗，或與主管、同事和人力資源部多溝通等管道來了解。分析所在行業的發展趨勢和人才結構需求，則對你未來的發展是必須的。分析社會的發展趨勢，了解社會對人才結構的需求是什麼樣的發展趨勢。

例如：在 1960 及 1970 年代，政治教育和群眾運動曾一度是中心工作。因此，政府機關的宣傳部門就是很多公務員的首選。當然，這個部

門每年都會提拔不少的幹部。後來，隨著經濟的發展，經貿、交通、市政、熱力、建築等部門就成了熱門部門，因為經濟的發展需要這些人才的配合。

近幾年，經濟部門被提拔的幹部多了一些，主要是因為經濟工作在整體工作中比較重要的原因。因此，在工作選擇中，需要關心國家發展的總體趨勢。選擇到這樣的公司和部門，一般來說，就等於尋找到了機遇。

當然，做這些選擇並非讓你挑三揀四，而是要讓你明確自己的位置，給自己一個好的起點和平臺。因為，任何組織中，每個工作職位設置都是有其存在意義和價值的。每一個員工被應徵，就代表著做好本職工作能為組織創造價值。因此，哪怕你只是工廠流水線上擰螺絲的員工，但是缺少了你，整個流水線的環節都無法運作，產品也可能產生巨大缺陷。你的存在，一定是創造利潤與節省損失中必不可少的環節。

儘管在一個組織中，居於金字塔頂層的人是相對少數的，然而職業發展卻是可以朝著專業化人才、技術型人才等各種方向發展。因此，不要總是在貧瘠的土地上耕耘，如果你感到對公司不滿意，對工作職位不滿意，可以換一個。不論你從事的是偏技術還是偏管理，不論是定量還是定向的工作，還是最基礎的保障性工作，都有它的價值。每一個人都有可能成為某一領域的專家。找到了自己最喜歡的工作和部門，就像優秀的種子找到了適宜自己成長的肥沃土壤一樣，才能快速成長起來。工作中，才會積極配合主管，千方百計去完成任務。如果不懂得這些，就是對自己人生的敷衍，表現在工作中不是做一天和尚撞一天鐘，就是處處找主管的麻煩。

所以對每個員工來講，專業化你的技能，制定好自己的職業規劃，才能發揮自己的潛能，也才能讓企業看到你。這也是做下屬的應該懂得的被領導的藝術。

跟優秀的主管去吃肉

在職場中，可能有些人認為在能力較差的主管手下工作更能顯示自己的能力，更容易脫穎而出。但是，你想過嗎？能力較差的主管往往不思進取、業績平平，如果他們沒有升遷的可能，那你很難越級升遷；如果他因為失誤給公司造成了損失，這樣往往會連累你。如果主管不具備大眼光、大視野、大胸懷，大氣魄，下屬的命運也可想而知。因此，要想從平庸的主管手下脫穎而出，必須有三個基本前提：

- 你的能力的確超過主管。
- 部門的前景廣闊。
- 能克服主管給你設置下的重重阻力，讓高層主管越過主管發現優秀的你。如果沒有上面的三個基本條件，你最好還是尋找優秀的主管。

組織的發展雖然離不開團隊力量，但更多則取決於主管本人。我們知道，一隻獅子帶領一群羊，勝過一隻羊帶領一群獅子，這個古老的諺語正好說明了優秀主管的重要性。主管就是一面精神旗幟，他們的一言一行影響著組織的榮辱興衰。在部門中，如果一個主管主管很有能力，該部門就會從企業中脫穎而出，他的部下也能從各方面得到鍛鍊，獲得良好的發展空間。在企業中，如果高層主管和老闆能力優秀，這個企業也會獲得快速地發展。

總之，一個優秀的主管應該具備看到市場潛在的商業利潤的眼光；有敢冒經營風險，從而取得可能的市場利潤的膽略；有善於動員和組織社會資源，進行並實現生產要素的新組合的經營能力；有能影響周圍的人一起奮鬥的自信力和影響力。除此之外，他們對員工尊重和信賴，關心員工待遇，為員工創造良好的工作環境；對股東和投資者，他們有高度的責任

感，能提供良好的預期效益等。跟著這樣的主管，員工的付出終將會有回報，無論是工作成果的取得、地位的升遷，還是職稱的晉級等方面。而且，隨著企業的發展，員工也會完成從雇員向股東和小富翁的轉變，物質和精神方面都能得到滿足。

在某電器有限公司工作的員工就體會到跟著優秀主管的益處。

某電器有限公司是一家專業生產家用電風扇、排風扇、電暖器、電磁爐等精緻小家電的臺資企業。短暫的 10 多年，就拓展了很大的市場。對此，投資者認為重要而基本的是：企業有一支相對穩定和比較親和的員工隊伍。董事長深深感到，沒有許多員工吃苦耐勞、敬業創業的精神，公司無論如何是不會有今天的。因此，為了感恩員工，獎勵員工，董事長決心讓出自己的一部分股份，以配股的方式對員工進行獎勵。使員工成為企業股東、共同分享企業利潤。當然，公司的這一舉動也進一步提升了員工的積極性和責任感，可以促進企業更快更好地發展。

這些肯讓「肥水先流外人田」的老闆就是優秀的領導者。員工跟著這樣的老闆自然會贏得可觀的利益，滿足自己的精神需求。因為這些領導者的企圖心和責任感都很強，成就一番事業的野心促使他們能不停地奮鬥，責任感會使他能調動起員工的積極性，發現員工的潛力，加強對員工的培養，以便員工能承擔更重的責任。因此在職場中找到這樣的主管，下屬的職業發展也會一路高升。

某服裝廠，老闆就是這樣的人。他說：「當大部分企業想著自己怎麼賺錢時，我首先會考慮如何讓經銷商、員工、供應商和合作夥伴賺錢，如何讓他們實現自我價值。」為了讓跟隨自己的員工得到發展，享受到較好的待遇，利郎實行「員工待遇與企業發展結合」的政策，對有突出貢獻的員工，年底將給予股份分紅。而且企業「不僅使員工在物質層面上受惠，

還要滿足員工對培訓、學習、晉升等精神層面的需求」。曾投資把許多員工送進 EMBA 進行培訓。

這些優秀的主管除了能力外，道德和修養也是應該值得稱道和令人佩服的。

如果你發現你的主管具有這樣的特徵：

* 有魄力，但不莽撞；
* 反應機敏但是做事嚴謹；
* 具有創新精神；
* 能和員工共患難；
* 有識人與用人的才能；
* 重視商譽，在業界有良好的口碑；
* 有擴展事業的雄心和理想，把公司的發展當作最大的責任。

那麼，這樣的主管無疑是理想中的優秀主管。跟定他們，能打出一片江山。特別是在機制靈活的企業中，你也可以在他們的培養和引領下，逐步進入小富翁的行列。

當然，跟著主管吃肉並非坐享其成，而是要有犧牲眼前利益的精神。只有幫助主管把企業做大，在水漲船高的情形下，鍋裡有肉自己的碗裡才能有肉。因此，不論你進入的是待遇優惠的大公司還是需要白手起家的中小企業，當你認定主管值得你追隨，就要抱定與主管共患難的決心，把自己的前途和企業的命運捆綁在一起。先打下江山再坐江山。

第三章

掌握與主管交往的藝術

在與主管交往中，我們經常見到以下幾種情況：有些人千方百計去逢迎巴結諂媚主管；有些人則把主管看作是深不可測的神祕人物，敬而遠之；也有些人覺得主管比不上自己能力高，存心拆臺……以上這些做法都不是與主管交往的正確方法。

正確的方法應該是尊重主管，把他們的要求放在第一位，補臺而不拆臺，當然，有時也需要下屬為他們擋一下麻煩，但是不要表露自己的聰明……總之，如果你能掌握和各種主管交往的藝術，你才能與主管做好關係，自己的前途也能一帆風順。

服從沒有藉口

在職場中，常常有這樣的情況，主管的命令員工不服從，或者自行其是。在他們看來，主管的話未必都是對的。主管高高在上並不了解具體情況，員工在底層，工廠部門的情況我最了解，為什麼要服從主管的安排和決定呢？

職場上有句話說：老闆永遠是對的。這句話員工聽起來雖然有些無奈，但卻是現實。企業要想在競爭激烈的市場中生存，當然需要下屬和主管步調一致，配合默契。如果沒有服從的態度，就不會正確執行和落實，那麼，團隊的凝聚力，企業的競爭力如何表現？只有服從，服從才有戰鬥力。服從性強的團隊，才會戰無不勝、攻無不克。

服從是執行的開始。我們都知道軍隊的戰鬥力是令人佩服的。因為在軍營中，上至軍官，下至普通士兵，被灌輸的第一個概念就是「服從」。西點軍校認為，軍人職業必須以服從為第一要務。他們奉行的就是「軍令如山倒」，一旦主管下命令，就不可動搖，下屬就要堅決服從，即便下面是懸崖也要毫不猶豫地跳下去。

軍人如此，員工亦如此。在一個團隊裡面，主管的意願需要下屬來執行，如果下屬不執行，就像水手不服從船長一樣，按自己一廂情願的想法我行我素，最終組織這條船不是沉沒、觸礁，也會迷航。因此，只有服從主管安排，才會有上下級之間的合作，才能更好地發揮自身超強的執行力，讓組織與個人在競爭中脫穎而出。

也許有些員工會說，主管的決定不對也要執行嗎？服從並不是說下屬就應該是被動的，你有好的建議要提前向主管反映，一旦他們已拿定主意，就不要再有爭議，更不能在需要執行的過程中表現出拒絕，那樣會讓主管感到很被動，沒有轉圜的餘地。

雖然主管的命令並非都是 100% 的正確，但是如果說他 90% 是對的，10% 可能是錯的，下屬會怎麼想？肯定會因此瞎議論，讓執行大打折扣。

在《三國演義》中，曹操為什麼殺楊修，並不只是楊修看透了曹操的心思顯得比曹操聰明，重要的是動搖了曹操的領導權威，引起軍心混亂，失去戰意。這才是對團隊最大的傷害。曹操當然是不能容忍的。

曹操的做法雖然有些過度，但是也充分說明了一個問題，下屬任何時候都要和主管步調一致，配合主管，特別是在服從這個問題上，不要懷疑你的上級，即使他有錯，那也是有限度的。因為公司的決策和軍隊的命令一樣也需要令行禁止，立竿見影。如果沒有服從，像蛇頭和蛇尾一樣自行其是，互不配合，主管的意圖如何能夠高效率地執行？

其次，在主管看來，如果下屬不服從命令，主管的面子首先就過不去。因此，可以說，下屬無條件服從也是主管優越感的充分顯示，能讓主管的自尊心和虛榮心都得到滿足。這一點無可非議。人都有被人尊重的需要，主管更不例外。就像在家庭中父母都希望子女尊重自己一樣，主管也不希望下屬處處與自己唱對臺戲，這樣會給其他員工造成不好的印象，也

會破壞團隊的和諧。因此，從這方面說，服從也是做下屬的一種美德。

也許有些員工會說，我對主管的命令不理解，不理解也要執行。

一次，喬治‧巴頓（George S. Patton）要挑選士兵挖戰壕。他將自己要挑選和提拔的候選人集中到一起，交代一番就走開了。這時，只聽有的士兵抱怨道：「為什麼要挖這麼淺的戰壕？還不夠當火炮掩體？」還有人說：「如果在這樣的戰壕中作戰，冬天還不得被凍死？」言下之意是巴頓有些瞎指揮，因此他們可以不服從。

眼看巴頓命令的任務就無法完成。這時，只聽一名士兵說道：「不管那個老東西想用戰壕做什麼都跟我們沒關係，我們還是按照他的要求把這個該死的坑挖好趕緊離開吧。」

此時，巴頓將軍並沒有走遠，他只是到一個比較隱蔽的地方觀察士兵們的舉動。這就是他在回憶錄《我所知道的戰爭》（*A Genius for War A Life of General*）中曾記載的事情。當然，這個很認真地按照巴頓的要求挖完戰壕的士兵得到了提拔，因為巴頓感到他是一名優秀士兵。

主管的命令下屬不理解很正常。主管和下屬本來就存在著一定的認知偏差。主管做事情是從大局考慮，不會只考慮某個人、某個部門的利益；何況有時主管的命令也不一定都要告訴員工為什麼需要發表，發表之後有什麼益處等。因為有些命令就是商業機密，知道的人太多太詳細會洩密。這一點下屬應該理解。不能因為自己不明白命令的前因後果而拒絕執行，那樣給團隊帶來的損失肯定會大於執行的損失。首先從資源的配置方面來說，如果和公司的目標方向相反，就會把原本公司計畫配給你的那部分資源也浪費了，更不用或不服從的後果會和公司的要求會大相逕庭。而且，不服從的員工一旦養成了這個壞習慣，無論他多麼有才華，最終會使自己的發展受到影響。長期下去會自由散漫，最終被自己的這個弱點所擊敗。

總之，要想借助組織這一舞臺，創造價值，就要服從主管，令行禁止。只有懂得服從的人，才會獲得組織的重視與賞識，贏得自身的提升與發展，走上成功的「快車道」。因此，下屬在服從面前不要給自己找任何理由。

始終把主管的要求放在第一位

有些員工在工作時，習慣按照自己計劃好的按部就班地工作，感覺那樣會有條理，可以專心致志地投入。這種工作方式當然有利於員工的操作。但是，在團隊中，每個員工都不是單干戶，只完成自己的分內工作就可以了，有時，主管也許會安排你做一些應急或者臨時需要變化的工作。此時，你怎麼辦？

最常見的是，有些員工會抱怨主管打亂了自己的計畫，或者抱怨自己運氣不好，做這些費力不討好的工作？也有些人嘴上答應很好就是遲遲不動手，非要等到主管催急了才開始。可想而知，在這種心情和工作狀態中，怎麼可能把主管交代的工作做好？

其實，這些都是以自我為中心的錯誤認識。在他們看來，工作是為了滿足自身的需要。因此，他們總是站在自我的角度去想問題，從來沒有站在團隊、站在主管的角度去考慮問題。這種認知就是沒有掌握好和主管相處的藝術。主管也會對他們產生不服從的印象。此時，正確的態度應該是把主管的要求放在第一位，而不是當做耳邊風。而且，要做就專心致志做好，不能粗心應付。

被譽為「世界第一副手」的羅塞娜·博得斯基（Rosanne Badowski）擔任傑克·威爾許 14 年的高級助理。在與傑克·威爾許合作的過程中，她是怎樣得到傑克·威爾許的器重的呢？其中一條關鍵原則就是：「主管是第一位的」。

　　羅塞娜在剛與傑克・威爾許共事的時候，她並不懂得這個道理。當時，她正在處理手頭上的一件重要事情，威爾許就交給她另外一個任務。羅塞娜隨口就回答說：「我完成手頭上的工作後再開始做這件事。」然而，她沒有想到威爾許用不容置疑的口氣回答道：「沒有必要等到將來再做，你的工作就是當我想完成的時候就做，而不是當你想完成的時候再做。」

　　在這一次與威爾許相處的過程中，羅塞娜學到了與主管打交道的最重要的原則：「不管在什麼時候，都要把主管的要求擺在第一位。」

　　在後來的工作中，羅塞娜一直堅持這一原則，她與威爾許的配合越來越密切，成為上下級合作中的典範。

　　職場上流行這句話：「老闆的事情再小也是大事。」在任何組織中，這句話都適用。這並非是無緣無故地拍主管的馬屁，而是因為不管在什麼時候，他們都掌握著公司發展的主要方向，他們安排的任務也是從大局出發考慮的。他們只有要求下屬配合的權利，顧不上對下屬解釋什麼。在這種情況下，下屬就要把主管的要求放在第一位，協助主管靈活地處理問題。

　　主管安排你做分外的工作或者其他一些應急類的工作自有他的道理。或者是客戶要貨太急，或者是主管安排了緊急任務；或者是周圍環境發生了變化，需要臨時調換工作……總之，主會以事情的輕重緩急為標準來安排任務。而這一切都是你所不知道的，有些甚至是你事前所不應該知道的，只有事後才可以明白。但是，不論是哪一種情況，你都要把主管的安排放在第一位考慮，不要在主管調整工作進度時因為不理解或者打亂了自己的計畫而有不滿或者把主管的指令放在一邊或者找理由應付主管。

　　再者說，主管的時間也永遠比下屬的時間更寶貴，他們不會隨便打亂下屬的計畫，因此，做下屬的應該明白和體諒，力所能及地給他們以支持。

李靜敏在師範大學畢業後被分配到市裡最好的高中任教。由於她能力突出，很快就成為學校的菁英。校長、教導主任等也對她期待；同事們也有意無意地圍著她轉。李靜敏的心理感到十分滿足。

當然，她也給自己規定了一套合理的教學計畫和工作作息表，一切都很有規律，李靜敏也感覺輕車熟路，十分輕鬆。

這天上午，李靜敏剛上完一個班級的兩節語文課，想趁第三節自習和晚自習時把學生的作文批改完。這樣下週作文時就可以交還給學生。她可不想把這些作業晚上帶到家中，那樣太沉重了。

可是，就在她課間準備放鬆一下時，主任匆匆地走過來說：「李老師，你到 XX 班上兩節語文課吧，把你明天上午的語文課調到這兩節上。」李靜敏一聽頭就大了。天哪！她剛上完工作量大的作文課啊，還要連續作戰，上兩節語文課，怎麼可能？況且下午工作是沒有什麼效率的。此時，她的心情很不爽，真想一口拒絕。

但是，李靜敏馬上想到主任這樣要求自己肯定也有一定的原因，因此，儘管她一百個不情願但還是馬上調整狀態，接受了主任的安排。主任看到她痛快地答應了，放下心來，急急忙忙向外走了。

事後，李靜敏才知道，原來，高二五班的語文老師孩子被開水燒傷了。因為高二五班的語文老師丈夫在外地工作，常年都是她一個人在家帶孩子。這兩天，她的孩子肚子疼沒去幼兒園，她是把孩子放在家的。不滿6 歲的孩子在喝水時打翻了熱水壺。得知這一切，非常慶幸自己當時沒有拒絕主任的安排，否則，在主管和同事們看來，她是怎樣地不近人情。

當然，李靜敏這樣做，既聽從了主任的調課安排，又幫助了同事，在主管和同事的心目中都留下了好印象。這可都是李靜敏當初沒有想到的。

我們的工作就是被公司需要，被團隊需要，被客戶需要，為了滿足這

些需要，主管都會對我們的工作做出適當的安排。因此，根據主管的要求來做事，你的工作也會因此變得更高效、更符合團隊需要。

當然，把主管的要求放在第一位有時候並不一定都意味著要馬上放下自己手頭的工作去做主管安排的。如果你目前的工作比主管安排的更重要，應該請示主管先做好你的工作。當然，如果兩份工作可以同時兼顧當然最理想。

不碰主管的敏感地帶

每個人的內心都有不願意別人觸及的敏感地帶，主管也是如此！因為那些敏感地帶就是他們的短處，是他們最不願意提到的事情。因此，和主管相處時，一定注意小心翼翼地保護他們的敏感地帶，千萬不要引燃這些敏感的炸藥包。否則，不管是怎樣的方式，也不管你是有心的、還是無意的。一旦你說的話被主管聽出什麼端倪，倒楣的可就是你了！

▋ 小心主管的相貌軟肋

大李在公司是有名的帥哥。一天在休息時間看電視時，看到主持節目的竟然是一個圓滾滾身材的人，他不免議論起來。他說：「這種五短身材的人居然也能走紅？」哥們接下來說道：「想不到吧，人家的老婆是有名的美女呀？」

聽朋友如此一說，竟然勾起了大李的傷心事，於是他開始控制不住自己，發牢騷說：「有些人長得不怎樣，真不知道怎麼修來的福氣，追女生、創業，竟然還挺成功，想不通啊。哼！世上也就有這種勢利的女人。」說完他發現大家的眼神不對，他萬萬沒想到，那位身材和主持人一樣的主管就在不遠處。而且，更巧的是，這位主管的妻子確實是一個相貌

出眾的女人。雖然大李對主管一直都充滿了尊敬。但是卻沒有想到因為自己一句無意中說出的話，使我和主管的關係陷入僵局。

對於外貌有缺陷的主管，最忌諱別人對他外表的評價，不管你是直接的，還是間接的，即使不是說他的，也一定要注意，這樣的話千萬不要當著主管說：不然會惹禍上身！

▌不要談主管的生活弱點

小馬的主管很能幹，職業生涯興隆有聲有色，但是家庭生活卻一片空白。他的妻子帶著孩子一起離開了他。小馬很同情主管，但是對於主管的這些事情，他們誰都不當著主管的面說。

一次小馬過生日，邀請了公司的同事，主管也參加了，因為小馬是部門核心。當然，同事也有帶著全家大小前來的。因為他們夫婦都在公司工作，而且和小馬關係也不錯。其中，有這麼一對夫婦帶著自己的寶貝兒子前來，小朋友特別可愛。小馬忍不住脫口而出：「啊！多麼令人羨慕的幸福之家啊！」馬上，主管的臉色就很不好看。因為別人家庭的幸福無意中使他受到了刺激。

雖然小馬內心開始責備自己，可是，怎麼才能圓場呢？他感到那個生日索然無味。以後，他找了個機會，很隆重地向主管道歉，主管竟然問他：「你真的覺得我很在乎嗎？你把我看成什麼了？」這下，小馬真的有些暈了，他覺得自己實在多此一舉。

▌不指責主管心愛的產品

小蘇在房地產公司企劃部工作，剛上任不久就被老闆指定參與一項廠商的企劃銷售。這是老闆最看重的廠商，準備一炮就來個好彩頭。可是工作了一段時間後，小蘇發現這樣設計不合理，當他把這些匯報給老闆時，

老闆讓他不用著急等等看。

半年後，廠商終於正式銷售。可是，由於定位、性價比都存在嚴重的先天問題，市場部、銷售部的人矛頭都對準了小蘇，彷彿是他企劃不成功。相反，他們對於老闆的魄力卻大肆吹捧。

於是，小蘇在一次會議中把廠商設計不合理的先天缺陷進行了強烈的抨擊。說罷，小蘇注意到一向和顏悅色的主管的臉上有了一點變化，可是，小蘇無法控制自己，一氣說了個痛快。

隔了幾天，老闆親自找小蘇談話，老闆語重心長地說：「小蘇啊，我怎麼說你呢？那天開會，你怎麼可以把我們的產品批評得一無是處？你也是一起企劃的元老了，這個產品投入初期，你自己的辛苦忘了？可是你偏偏批評它，這樣一來，其他部門要怎麼配合你？你要怎麼在大家面前立足？」

老闆這番綿中帶針的話弄得小蘇無地自容。

在這個案例中，小蘇就是沒有擊中了老闆的弱點。因為廠商是老闆最看好的，小蘇卻潑冷水，老闆怎能忍受？

要知道，很多時候，企業裁的人不一定是不優秀的人，而保留的人不一定是優秀的人。因此，和主管交往，不論是談論生活小事還是匯報工作，都不要哪壺不提提哪壺，那樣就影響了和主管相處的和諧關係，這對你的工作肯定會帶來不好的影響。如果經常無法讓主管滿意，他肯定會想是否該找一個另外的人來替代？從個人發展來說，這顯然是對你十分不利的。因此，要盡量避免觸及到主管心裡的那根弱點。

對平庸的主管也要補臺不拆臺

不可否認，並不是所有的主管都優秀、都能力出眾。職場中當主管也有一種潛規則，並非都是憑能力而論。如果與那些平庸的主管相處時，下屬應該怎麼辦？

遇到這種情況，有些下屬往往不能放對自己的關係，看到平庸的主管居然來領導自己，就深感不滿，不是故意找碴和主管唱反調，就是不服從安排，甚至在關鍵時刻，還會拆他們的臺。

老張在分公司任財務副科長，他平時工嚴謹作認真，特別是在企業改制中，面對繁雜的工作，他不但毫無怨言，而且和審計、會計事務所等部門配合得很好，立下了汗馬功勞。改制後，總經理有意提拔他當財務科長。老張 8 年的副科長也熬出頭了。

可是，就在老張快要升任之際，總公司卻直接插手，空降了一名素養較差但有一定背景的小李出任財務科長。對此，經理當然不敢違背總公司的指定，只是在私下與老張的交談中透露了自己難言的苦衷，希望老張理解，並表示卜新專案時安排老張獨當一面。雖然，老張能夠理解經理的苦衷，但他想到自己要接受一個能力人品都比自己的平庸的主管就感到忿忿不平。要不是看在經理的面子上，老張真想鬆手不管了。

不久，分公司升級，要和總公司一起發行股票上市了，老張又要忙得暈頭轉向了。但是，小李對於老張並沒有多少鼓勵安撫之意，他雖然對分公司的財務並不清晰，但卻處處要顯示自己主管的做法，到處亂指揮，使老張的不滿大增。

一天，小李要到總公司送各種財務報表，但是，匆忙中卻把幾張重要的資料遺漏在桌上。老張看到後本應通知小李，但是，他想到小李平時無

知卻趾高氣揚的做派，故意不打電話給小李。

　　原來，那天小李和總公司財務總監一起要到政府機關申報公司上市事宜，卻偏偏丟下了最關鍵的資料，影響了安排好的計畫。這下，小李的責任可大了。當時，在公司的老張雖然有些竊竊自喜，可是，當經理打電話質問他時，還是不免有些作賊心虛的感覺。

　　這下，不但年底公司的優秀評比受到了影響，經理對老張的看法有 180 度大轉彎。公司其他人看他的眼光也是怪怪的，老張為此也後悔不已。

　　其實，像老張這種做法這就不是和主管相處的正確方法。雖然平庸的主管愛不懂裝懂，在下屬面前有意要抬高自己的身分，有時還要橫插一手、瞎指揮，但是，即便他們本身存在各式各樣的缺陷和錯誤，下屬也要盡量避免與其正面衝突和矛盾的激化。主管代表組織，再平庸也是組織任命的。你拆主管的臺等於是拆高層主管的臺，是拆組織的臺，而最後往往拆的是自己的臺。結果，「帥旗」豎不起來，導致組織整體功能的內耗，自己也會沒有立足之地。

　　當然，這並不意味著對於平庸的主管一味縱容或者袒護，或者視而不見他們的錯誤任其發展。正是因為主管平庸才需要下屬去輔佐，特別是對於帶有原則性的問題，下屬可直接闡明觀點，或據理力爭，或堅決反對，但絕對不是有意去讓他們出醜、看他們的笑話，或者用種種方式去拆他們的臺。如果這樣就是心胸狹窄、目光短淺，自以為是，不願當配角、嫉妒心態的表現。因此，對於主管的不足之處，下屬要去補。要端正認識，從組織的大局出發，從組織的發展考慮，要體諒主管。因為他們的工作千頭萬緒，有時難免有疏忽不周之處。此時，做下屬的應該預見到，並且暗中及時幫助他們，做事業上的諍友。

我們知道在歷史上，諸葛亮可謂神機妙算，運籌帷幄，可是他並沒有拆劉禪的臺，反而盡心盡力去輔佐劉禪。這不僅是封建時代做忠臣應該具備的，也是現代組織中做下屬應該具備的素養和品德。補臺才是和主管相處時應該做到的。

俗話說：「互相補臺，好戲連臺。」每個主管都喜歡有一個為自己工作「拾遺補缺」的下屬，特別是那些平庸的主管，更希望下屬能在適當的時候，為他們填補一些工作上的紕漏，維護他們的威信。如果下屬能夠及時得體而巧妙地為他解除尷尬、窘迫的局面，主管心裡肯定為他們打上了滿意分，以後他們遇到困難的事情時，肯定會向他們討教。如此，下屬的作用不就發揮出來了嗎？在主管心目中的地位不就突出了嗎？

如此一來，下屬與主管之間的關係更加密切。主管對自己的評價突然增加了很多優點，即便原來的缺點也似乎得到了「平反昭雪」。這一切都表明，你的晉升之日已經為期不遠了。

掌握和各種主管交往的藝術

在職場中，員工雖然與自己的主管交往多，但是也需要和其他部門的主管交往。可是，主管的類型是各種各樣的，即便是自己的主管，也有不同的處事風格和明顯的性格特徵。為了適應不同主管的做事風格，應付各種局面，就必須掌握和各種主管交往的藝術。因為如果不認真慎重地對待這些，很可能就會在主管心目中留下不好的印象。不論他們是否是你的主管，都可以影響甚至操控你的升降。因此，明白這些恰恰是作為一個下屬應具備的素養。

下面是我們的一些建議：

▎與冷靜的主管交往

如果遇到處事冷靜的主管，你只要負責執行便好，不要自作主張。至於執行的經過，必須有詳細記載，即使是極細微的地方，也不能稍有疏忽，這種一絲不苟的精神正是他所喜歡的。但要注意的是，即使事後報告，也要力求避免誇張的口氣，也要以平靜的口氣為好。如此反而更可表現你的應變的本領。

▎與懦弱的主管交往

懦弱的人，不會當領袖，即使當領袖，自有能者在代為指揮。因此，你必須看準代為指揮的人再圖應對的方法。代為指揮的人如為正人君子，懦弱的主管還可保持著形式的尊嚴；如果代為指揮的人懷著野心，主管只是個傀儡而已。在這種處境下，你必須能與代為指揮者爭相抗衡。對於這種主管，執行中所遇到的困難，你最好能自行解決，不必請求。隨機應變原非他之所長，多去請示反而容易貽誤時機。

▎與熱忱的主管交往

你如果遇到熱情的主管，不要完全相信相見恨晚，必須明白他的熱情並不會持久，要採取不即不離的方式。不至於使他熱情在短時間內便達到頂點，同時也不至於使他感到失望。

當然，如果你有所主張或建議，千萬不要整批發售，要用零賣方法，使他對你感到新鮮；對於他所提的辦法，你認為對的，趕快去做，否則「夜長夢多」。萬一他的情緒低落，你就只好靜待適當的機會了。

▎與豪爽的主管交往

如果你遇到的是豪爽型的主管，那真是值得慶幸。他自己長於才氣，

所以最愛有才氣的人。只要你能表現出過人的工作成績，就不用擔心沒有發展的機會。

重要的是，要留心機會，一旦發現可以異軍突起時，就要好好掌握。若委託你來執行，要適時提出自己的意見。一旦被採用，就有了好的開端，只要一步一步地走上去，遲早會出人頭地。

▌與傲慢的主管交往

傲慢人物多是那種「寧肯讓人負我，不如我負人」的人。如果你的主管如是個傲慢人物，千萬不要取寵獻媚，自汙人格。因為傲慢型的人最看不起低三下四的人。當然故意唱反調更不可取。你可以用不卑不亢的態度來對待他，最好處事低調，行為高調。這是他最欣賞的。只要你是個人才，不愁他不對你另眼相看。

▌與陰險的主管交往

陰險的人，城府極深，對不如意人絕不會採用直接報復的手段，而總是使用計謀設法排除。他們常常喜怒不形於色，令你思索不透，也毫無防範。

如果你的主管不幸就是這種人的話，你只有如履薄冰，兢兢業業，賣盡你的力，隱藏你的智。賣力易得其歡心，隱智易使其不會防你、忌你。如此一來，或許倒可以相安無事。

當然，這種地方不是好的久居之所，如果有可能最好作遠走高飛的打算。

▌與健忘的主管交往

有的主管很健忘，常常丟三落四。明明在前一天講過某一件事，可兩三天後，他卻說根本沒講過。

對付這樣的主管，當他在講述某個事件或表明某種觀點時，下屬可裝作不懂，故意多問他幾遍來加深他的印象。送材料時也不要一放就走，或託人轉送，可對材料作些具體解釋；如是重要材料，可要求主管簽字，送前或送後再打個電話給主管加以說明。

如果接到上級的通知，要把通知直接給他看。假如是電話通知，要記下來直接送交，並把有關時間、地點、所帶物品等要素用他的筆劃出來，或者把它寫在主管的桌曆上。

與含糊的主管交往

這類主管在分派工作總是含含糊糊、籠籠統統，也許是因為自己大腦不清楚，也許是因為怕擔責任，總是說「你自己看著辦」。結果下屬去操作和實施了，主管卻常常會責怪你弄錯了。

對這樣的主管，在接受任務時，一定要詳細詢問其具體要求，特別在完成時間、人員落實、品質標準、資金數量等方面盡可能明確些，並一一記錄在案，讓主管核准後再去動手。

為了避免日後不必要的麻煩，做下屬的可想方設法誘導其有一個明白的判斷。必要時，可問他們：「你的意思……」明白了他們的意思後再做，這樣就會減少自己工作的失誤。

與粗心的主管交往

有的主管做事很粗心，有的對上面的文件不仔細研讀，對上級召開的會議不認真參加，在沒有完全理解基本精神的前提下就發表意見；對下屬的申請、報告、匯報等材料沒有仔細看完就定下結論，就簽字批示，結果常常弄得下屬們無聽適從。

對此，下屬要根據具體情況分別對待，如對自己非常有利，要祕而不

宣，可含笑指出其不當；倘對自己不利或非常不利，可做出必要的解釋，以免他們一錯到底。

職場也是人際社交的場合，和主管交往更要注意藝術和分寸。只有和他們互補才能相得益彰，這是和主管交往的法則。

巧妙地為主管擋麻煩

常言道，智者千慮必有一失，再能幹的主管也有自身的不足之處，當他們的這些缺陷為自身、為事業的發展帶來一定的損失時，看到這些苗條，做下屬的就要及時滅火，為他們彌補損失。

當然，為主管擋麻煩需要一定的智慧。因為主管都是自尊心很強的人，他們的麻煩一般不願讓下屬過多地知道，擔心影響自己的威望。因此，下屬在為主管彌補失誤時一定要神不知鬼不覺地進行。

▌ 準備多套方案

有些時候，自信心很強的主管在分派任務時對事情的困難估計不足，表現得自信滿滿的。如果在執行遇到困難，又難以接受挫折。對於這種情況，下屬要做好多手準備。在做方案的時候，就要有預備方案，以便在首選方案行不通時，可以選擇預備方案。

在世界歷史上，溫斯頓‧邱吉爾（Winston Churchill）可謂是英明的領袖了，可是，他對於股票交易卻是個典型的門外漢，並且，還因為損失慘重。當時，多虧了他的下屬及時巧妙地為他擋麻煩，才使邱吉爾走出股票的泥淖。

一次，邱吉爾的老朋友、美國證券巨頭伯納德‧巴克魯（Bernard Baruch）陪同邱吉爾參觀華爾街股票交易所。交易所中人聲鼎沸，投資者們

熱烈緊張的氣氛深深地感染了邱吉爾。雖然當時邱吉爾已經年過五旬，早已過了衝動的年齡，但是政壇的得意讓邱吉爾對股市也自信滿滿。他認為自己可以運籌帷幄。特別是當他看到股市上有一家很有希望的英國股票，心想：「英國的行情我有耳聞，這支股票應該很有希望，我把賭注壓在它的身上，應該能贏回來。」於是，邱吉爾把大筆資本投在這支英國股票上。

可是，邱吉爾對自己的炒股能力太自信了，因為對股票市場不熟悉，邱吉爾買的那支股票一路下跌，沒多久他就被套牢了。在交易所折騰了一天，邱吉爾欲罷不能，一筆一筆地做著交易，結果都陷入了無法自拔的境地。這位大英帝國不可一世的領袖做夢也沒有想到，到下午收市鈴聲響起時候，他已經資不抵債，要破產了。邱吉爾的臉上不免露出十分絕望的神色。這太打擊他的自信心了。

就在邱吉爾灰心喪氣時，巴魯克遞給他一個帳簿，邱吉爾打開一看，這上面居然都是自己盈利的「輝煌戰績」。原來，巴魯克料到邱吉爾在政壇上的聰明睿智在股市上派不上用場，於是，提前吩咐手下用邱吉爾的名字開了另一個帳戶。這邊的邱吉爾在買什麼，另一個「邱吉爾」就賣什麼。就這樣，這根及時的救命稻草挽救了邱吉爾的自信心。

而這一切，巴魯克安排的是那樣巧妙，邱吉爾根本就不知道。

▌敢為主管仗義執言

在企業中，當部門主管的行為不當引發公司採取對員工不利的制度、損害了該部門員工的利益時，員工往往會把所有的憤怒都投射到部門主管身上，把所有的責任都推給自己的主管。

當主管與群眾發生矛盾時，下屬應該怎麼辦？是站在員工的角度嗎？聰明的做法是，你應該大膽地站出來為主管作解釋與協調工作，當然也不

能激起眾怒。

　　某公司部門經理由於做事不力，受到總經理的指責，並扣發了他們部門所有職員的獎金。這樣一來，大家很有怨氣，認為部門經理做事造成的責任卻由大家來承擔實在不公。當然，部門經理的處境非常困難。

　　這時有位員工站出來對大家說：「其實我們經理在受到批評的時候還為大家據理力爭呢？他要求只處分他自己而不要扣大家的獎金。剛才我從總經理辦公室路過，聽到他這樣說了，總經理為此還批評他呢？」

　　聽到這些，大家對部門經理的氣消了一半。接著，這位員工又對大家講，「其實這次失誤除我們經理的責任外，我們在坐的每一位也有責任。請大家體諒經理的處境，齊心協力，把業務做好，下月想辦法把大家的損失補回來，這才是現在我們最應該做的事情啊！」

　　聽他這樣一說，眾人想了想，也是這麼回事。關鍵時刻，不能讓經理一個人受損失，於是平息了怒氣。

　　這位員工就是善於為主管補臺的人。他在關鍵時刻仗義執言，既讓員工明白了主管的難處，又設身處地地為員工著想，調解工作獲得了很大的成功，不但使一點既燃的糾紛得到了圓滿的解決，而且也恢復了主管在眾人心目中的形象。

　　當然，作為下屬，如果能讓主管在最需要人支持的時候得到了支持，主管自然會把你視為知己。

▌必要時替主管「背黑鍋」

　　在日常工作中，很可能會出現這樣的情況，某件事情明明是上一級主管耽誤了或處理不當，可是在追究責任時，上面卻指責自己沒有及時匯報，或匯報不準確。當主管把某些事故的責任推到下屬身上時，對於下屬

來說，就是在替主管背黑鍋。

「背黑鍋」其實是主管和下屬之間的責任擔待問題。「背黑鍋」的現象暴露了企業人事管理中的某些漏洞，也展現了人與人之間的某種微妙關係。那麼，對於這種主管的黑鍋，下屬要不要背呢？

首先，對「背黑鍋」要有一個十分清楚明晰的認識，關鍵在於要明白責任取向。如果為了大局考慮，自己受些冤屈能把主管解脫出來，那麼就可以勇敢地去承擔不該自己承擔的責任。比如：在客戶服務中，主管因為某些行為和言語遇到客戶的責難和圍攻時，可以把主管的責任自己承擔下來，讓矛頭對準自己。這就是做下屬的最基本的職業規範和工作原則，也是責任感的表現，否則，這不僅展現了責任意識淡薄，也讓主管和周圍人對自己的人品評價大為降低。再如，在談判中，當對手因為主管的失誤而緊抓不放進行攻擊時，也可以主動挺身，避免主管在這種場合出言不慎造成不利的局面。

但是，這種「背黑鍋」通常用於主管不慎失誤時，對外維護主管形象和組織形象時使用，並不證明主管所有的錯誤和失誤都要自己承擔下來以顯示忠誠，那樣就喪失了應有的原則和立場。如果不分是非黑白、輕重緩急，一律為主管「背黑鍋」，這種做法其實相當危險。如果試圖透過給主管「背黑鍋」來換取個人的某種利益，也未必會「划算」，鬧不好還可能讓自己叫屈無門，最終只能「啞巴吃黃連」。

儘管有時候為主管擋麻煩是處於形勢所逼並非心甘情願，但是這樣做也是做下屬的職責使然。不論採取何種方式都是出於大局考慮，出於維護主管和組織的形象考慮。因此，千萬不要在主管面前表白或者賣弄，從一己私利為出發點要主管感恩圖報，讓他認為你有利可圖。

只有明白了這些，和主管的交往才能夠順其自然。

第四章

掌握與主管溝通的技巧

雖然職場上流行這樣一句話：主管靠嘴，下屬靠腿。可是，現代企業對員工也有新的要求。如果你期望快速提升，你的溝通情商就要提升。

在主管和下屬的互相配合中，主管不可能對下屬都事事兼顧，下屬也不可能對主管分派的任務都能理解到位，相互之間產生矛盾是不可避免的。那麼，解決矛盾的途徑，只有多溝通。如果不懂得怎樣和主管溝通，就會相互之間產生隔閡，也不利於工作的執行和落實。

可是，主管有許多事務纏身，不會主動找下屬溝通，因此，在溝通中，下屬更應該主動一些。下屬要主動尋找主管，盡量多掌握溝通的技巧，清除溝通障礙，用不同的棒槌去敲響不同的鼓。

有效溝通是職場利器

職場中，很多人都認為溝通是一件非常簡單的事情，甚至沒有人會承認自己不會溝通。在他們看來，溝通不就是說話嗎？說話誰不會？也有些人認為，溝通就是發個郵件，打個電話，留個言或者發個簡訊。其實這些遠遠不是溝通的真正含義，在一個組織中，下屬和主管之間要想溝通到位，並沒有想像的那麼簡單，只是大多數人意識不到溝通的複雜性而已。

比如：很多公司都經常出現這樣的問題：主管把任務交代給下屬，下屬說知道了，沒問題，可是在執行環節出現了偏差，為什麼？因為下屬是按照自己的理解來進行的。這樣既耽誤工作效率，也會引起上下級之間的抱怨，進而產生隔閡和矛盾。因此，在和主管的工作配合中，正確理解溝通十分重要。

那麼真正意義上的溝通意味著什麼呢？

- 下屬要清楚主管告訴自己的是什麼資訊。
- 如果下屬理解並且清楚主管發布的資訊後，要對主管做出一個回應或

者給出一個明確的答覆。比如：是否認同，是否接受這個資訊。這樣主管就可以及時知道下屬的態度，便於下一步工作的安排。

- 下屬如果接受主管發布的資訊，要給出一個承諾。比如對工作的安排要告知主管什麼時間完成，讓主管對這個工作有一個相對的可控性。如果下屬只是接受了這個資訊而沒有告知主管何時能完成，主管就無法控制下屬的工作進度，安排下一步的工作。
- 如果在完成任務中，需要其他人員配合，需告知主管；如果不能按要求完成任務，也要告訴自己的主管。
- 匯報總結。在工作完成後要向主管匯報總結。

由此可見，溝通涉及到很多步驟，特別是在規模較大的組織中，溝通不僅要面向主管，還需要和同儕、其他部門的主管和同事進行溝通，必須有來有往，形成互動。如同握手關係一樣，需要雙方共同努力。如果你認識不到這一點，在這方面是職場菜鳥，那麼，的確應該端正自己的認識，掌握一些有效溝通的技巧。

- **約定溝通的具體時間**：溝通時不要心血來潮，要徑直走進主管的辦公室，開始滔滔不絕地講。最好提前與主管預約，以便確保他有正式的時間和你會談，以便得到最佳的反饋。
- **談話前做好充分的準備**：為了達到溝通的效果，你需要做好充分的準備，因為主管的時間都是寶貴的，你如果囉囉嗦嗦半天說不到正題，他們會厭煩。因此，要做好溝通的充分準備，必要時要有針對性地收集相關資訊，對現有的材料進行取捨，以便找到具有說服力的論據來支持你的觀點。
- **有的放矢**：有些人在與主管進行溝通時，常常會出現以下情況：主管

一邊做別的工作一邊聽你講，表現得心不在焉或顯得不耐煩或是以理由不充分拒絕接受建議。遇到以上情況，你不妨想一下：你所說的是否正是主管所想的？如果不是，要考慮一下主管最關心的是什麼，他想從你這裡了解些什麼，甚至會提出哪些理由來反駁你。經過了全面的考慮之後，明白了主管最關心什麼，你就說什麼的話，溝通才會有效果。你溝通的內容都要主管關心的主題進行。

- **用自己的語言把主管的話複述一遍**：如果主管是發布指令、分派任務，那麼，用自己的話語把主管的話複述一遍是必不可少的。

  船員們都有這樣的經驗，在海上航行時，船長下指令說：左滿舵，輪機手會回答：滿舵左，後者並不是重複主管的指令，而是從另外一個角度去表達自己的理解。因此，當主管向你或者你的發布決策時，做下屬的要用自己的話和思維去把主管的話重複一遍。因為你所在的職位不同，你身邊的員工教育程度和理解能力有他們的標準，因此，主管的話需要你根據實際需要去翻譯過來，就像國語各地流行需要翻譯成各地方言一樣。只有下屬把理解的意思能用不同的方式反饋回來，這樣主管才知道下屬是否真正理解了自己的意思。

- **克制情緒衝動**：在和主管的溝通中，有些話可能會讓你感覺無法忍受。此時，千萬要克制自己衝動的情緒。如果一遇到事情就不假思索、脫口而出，在主管看來是很愚蠢的表現。對此，「兩秒鐘原則」是一個不錯的辦法。和主管談話時，開口之前在心裡默數到二。在表述完你的觀點之後，停二秒鐘再說話，以避免你會不自覺地說出一些不必要的或者離題的言語。

總之，溝通包括很多方面，也有許多技巧需要掌握。如果你在工作中想引起主管的重視，一展才能，就必須重視並且運用好這個職場利器。

掌握匯報的基本技巧

在和主管的工作配合中，作為下屬，不論是向主管自己的主管還是與其他主管溝通，匯報都是比較重要的一種方式。匯報不僅顯示出下屬對主管的尊重，也是主管了解員工的工作進度、安排下一步工作的一種方式。對於員工來說，要和主管的思路保持一致，也要勤於匯報。如果不經常匯報工作，不僅會埋沒你的成績，而且還會讓主管無法掌控工作進度。既然匯報如此重要，做下屬的就要很好地運用這個武器。

有些人可能會認為，匯報有什麼難？不就是工作完成後實話實話嗎？非也！匯報也大有技巧。原則上說，只要是主管交辦的工作，無論大事小事，無論工作的結果是否圓滿，員工都應向主管如實匯報。可是，有些匯報既不能實話實話也不是都要等工作完成後才向主管匯報，需要掌握一定的技巧。具體來說，匯報的技巧包括以下幾方面：

▌端正匯報態度

匯報首先需要端正匯報態度，既然是下對上，要顯示出對主管的尊重，既不能打斷主管話，也不能自顧自一氣說完了事，要注意配合主管思考問題的節奏。如果能把自己遇到的問題和不懂之處記在筆記本上，在匯報時藉機請教主管，這一舉動也會給主管留下了深刻的印象。

▌掌握匯報時機

向主管匯報也要掌握一定的時機。如果能在他心情比較好的情況下去匯報，你的心情也會隨之開朗起來。

▌不能事無鉅細

主管的時間都是有限的，員工匯報時不是像記流水帳一樣地匯報上

來，要主次有序，重點突出、簡明扼要。主管最注重結果，而不是過程。

▌事中匯報

　　原則上說，員工要養成每完成一項工作之後向主管遞交工作小結的習慣。可是，如果你接手的繁雜、耗時比較長的工作，哪怕你只是完成了整個工作的一小部分，也要及時匯報和溝通，以便於主管及時掌握工作進度及管理的運行狀況。特別是當你的工作出現了差錯，或因為其他的某些原因不能按時完成的時候，要及時向主管匯報，這時千萬不能只想著靠自己的努力去解決問題。

　　如果遇到困難和麻煩，主管還可在人力、物力上支持你，比你悶著頭自己做要強上千百倍。如果事後匯報，你完成了工作卻有主管不滿意的地方，那麼你就更會受到質詢。

▌讓主管有心理緩衝空間

　　當工作不順利時，匯報起來更要講究方法。當然，這不是讓員工只報喜不報憂，但是也不能一開口就是驚人的壞消息，那樣主管沒有心理準備，說不定會被你一悶棍打暈。此時就需要講究方式和技巧，不能實話實話。

　　比如：某化工廠的推銷員推銷清潔劑時由於競爭對手太多，很不理想。回廠後的一天，他敲開了經理的門。

　　「情況怎樣？」急性子的經理見到他劈頭就問。

　　這種清潔劑是工廠新上的產品，經理當然關心。可是，如果開口就直接將不利的情況匯報給經理，經理肯定會不高興，搞不好還會認為推銷員沒盡力去做。此時，推銷員沒有急於回答經理的問話，而是顯出一幅心事重重的樣子。

經理見到推銷員這幅模樣，已經猜到了出師不利，於是改用關切的口氣問道：「情況糟到什麼程度，有沒有挽救的可能？」

看到經理反而安慰自己，此時推銷員自信地回答「有！」

「那談談你的看法吧！」經理求之不得。

這時，推銷員開始把自己構思好的推銷計畫一步步匯報給經理，當然，其中夾雜著自己了解到的市場情況。

經理聽後頻頻點頭：「嗯，不錯。你找到了問題的癥結所在，還想出了解決的辦法，這件事就交給你全權處理吧。」

這位推銷員能夠將不利的工作情況成功地匯報給經理並得到稱讚，是因為他掌握了匯報的技巧，利用自己的肢體語言引起了經理的關心。這種先企業之憂而憂的神態比起自己先匯報不利情況更會得到經理的同情，占據主動。

就這樣，透過巧妙的匯報，推銷員受到重用，公司的清潔劑銷量也節節上升。

▌拿出解決問題的辦法

匯報並不是只回報困難，如果透過對問題進行較為深入地分析總結，還提出了解決問題的方法，就像上面那個推銷員那樣，這些當然令主管刮目相看。

▌在匯報後總結

匯報需要和總結相配合。只有在總結中主管才能看出你有什麼進步，有什麼值得吸取的教訓。因此，在工作結束之後，先不要沉浸在喜悅之中，要先給主管做一個總結匯報，內容可以包括取得的成果、目前還存在的問題、對這次任務的一些看法等。有時，還要敘述你的工作方案，看主

管對你的方案有什麼不同意的地方和補充的地方，讓主管給提供一些解決的方法。

　　總之，在工作的進程中，匯報是你和主管溝通的橋梁。及時的匯報會讓你給主管留下深刻的印象，也會讓主管詳細了解工作的完成情況，對工作做出一定的評價。因此，掌握一定的匯報技巧，相信在和主管溝通中就會心有靈犀一點通，讓你受益匪淺。

請示要有備選方案

　　在下屬和主管的溝通中，請示是必不可少的，特別是當下屬需要上級支持時。那麼，請示就是單純地說明問題，伸手向上級要錢要物要一起可以得到的資源嗎？不是，要充分發揮下屬的聰明才智，把解決問題的方案一一列出，讓主管考慮定奪。因為對於基層的情況，主管比不上員工熟悉。因此，如果員工能夠從本部門的實際出發，提出幾種方案，讓主管比較篩選，主管感到有一種方案可行時，自然會調撥一切可以利用的資源。

　　在這方面，美國的國務卿亨利·季辛吉（Henry Kissinger）是個很典型的例子。

　　季辛吉曾經擔任納爾遜·奧爾德里奇·洛克斐勒（Nelson Aldrich Rockefeller）的外交政策顧問，理查·尼克森（Richard Milhous Nixon）上臺後也曾擔任總統國家安全事務助理，他對隆納·雷根（Ronald Wilson Reagan）政府和老布希（Bush Senior）政府的外交政策均發生過重要影響。季辛吉的獨特之處就是在說服每一位總統時，絕對禁止自己只推薦一個方案。他總是精心地列舉各種方案，列出每個可行的方案並且認真地寫下它們所有的優點和缺點及可能性，供上司們篩選參考斟酌。

　　從管理的角度來看，這種方法的優點是顯而易見的，它綜合反映了許

多觀點。儘管其中有些觀點時他人以前曾經提出過的。但是，重要的是，對這些方案進行優劣對比和分析，這才是最難能可貴的。因此，在請示中提出多種方案可以有效地幫助領導決策。不僅是在處理總體事務時，即便是在處理相當細微的瑣事的時候，也可以有效地使用它。

比如：你是一家小公司的員工。這家公司接受了大量的訂貨任務。為了完成任務，曾一度寬綽的公司停車場現已變得擁擠不堪；而且，各部門為了爭奪有限的停車場甚至動手打架。此時，你覺得這個問題應該引起主管的重視，怎麼辦呢？

那麼，你可以列出一些可供選擇的方案勸他採納，而不是把這件事情往主管身上一推了事。

這種可供選擇的方案或者是擴大停車場，或者是讓安排倉管人員有重點有次序地管理貨品，而不是各部門任意擺放；或者是租賃其他附件地段做停車場。所有這些方案各有利弊，擬定方案時，你要仔細但簡要地說明這些利弊。比如：每項方案所需資金多少、人員多少、時間多長，哪些資源是本公司擁有的，哪些是需要外借的。這樣，你提交的方案才能引起主管注意。

另外，請示中提交的方案並不只是為了引起主管的重視。如果因為自己工作失誤為公司造成損失時，要在請示中先向主管做一個深刻的檢討說明一下自己的錯誤，然後，還要提出解決問題的方案，讓主管對方案做一個評價。這樣會讓主管覺得你是勇於承擔責任的，也只有這樣主管才會放心地讓你繼續完成工作。

當然，請示中包括多種方案的確有它的侷限性和不利因素。顯而易見，這會花費主管一些時間和許多精力。因此，如果有些問題比較單一，不值得花費那麼多的時間去解決，可以只提一個可行方案。

但是，當事情比較複雜，涉及面很廣，涉及部門很多時，就需要在請示中列出多種方案。儘管這樣有一些潛在的缺點，但是，這種方法可以讓主管對問題做出最後的決策，從而使其發揮作為主管應起的作用。而且很清楚，這種方法能促使下屬全面、深入地思考問題。這樣的結果對上下級都是有利的。

當然，這種請示需要下屬主動去做，特別是在重要問題上，要努力向他們提供許多可能性以便他們選擇。因此，在組織需要的時候，不妨主動向主管毛遂自薦把你的才能完全展示給主管看，那麼就不會坐等時機浪費你的才能了。

批評盡量用「糖衣」

在工作中，批評和被批評都是不能迴避的，什麼時候提出批評，如何在必要的時候提出批評，怎樣讓主管更容易接受你的批評，都有其一定的規律可循，需要講究一定的技巧。雖然在行政部門，提倡批評和自我批評，主管要接受群眾的監督。儘管主管有錯誤需要下屬指出來，主管也希望下屬能夠及時糾正他們的某些錯誤，幫助他避免工作的失誤。可是，批評主管就像是老虎頭上撓癢癢。如果不分場合、方式，總是用激烈的方式表達不滿，上來就是一頓狂轟濫炸或者針鋒相對地頂撞，主管焉能接受？那樣的話，一怒之下也許會讓下屬吃不了兜著走。

某公司的小王，曾經在一些著名的大公司任過職，能力眾所周知，就是性格直率，即便是對上級，如果發現他們有失誤之處也會絲毫不留情面地當面指出來。他認為這是對上級負責。

在一次行銷方案分析會議上，經理公布完一份自己的行銷計畫後，請眾人都發表一下意見。眾人紛紛附和，只有小王看出這個方案的情況，於

是，他第一個站出來直率地指出了這個方案的漏洞。儘管經理解釋說：「這只是初步計畫，有很多地方尚需修改。」但小王不知是聽不出經理的弦外之音還是怎麼回事，毫不顧忌，依舊大聲地爭辯。

最後，有些乖巧的員工便藉機先溜走了。小王看到會場上剩下沒幾個員工了，一頓狂轟濫炸才罷休。可是，僅過了幾個星期，主管就找理由把他調去了其他部門，薪水和福利都有所下降。可是，主管的理由很充分：「像你這樣的優秀人才，應該到那裡去大展身手啊！」

小王直接批評，不但沒有效果，還給自己埋下禍患！這就是在指出主管錯誤時過於激烈的後果。由此可見，下屬要批評主管時，要把提出批評和建議上升到聰明的程度，要巧妙地溝通。

其實，要讓批評這個良藥不再苦口，可以裹上糖衣。我們都知道黃連最苦，可是如果用膠囊和糖衣裹上之後，比捏著鼻子硬灌更容易為患者接受。同樣的，對主管的建議和批評，如果能用糖衣包裹後再傳遞給他們，他們的感受與態度也會完全不一樣。因此下屬批評上級時不妨採取這種方式，根據主管的性格和當時場合、氣氛的不同，採取最合理的表達辦法，讓主管心甘情願把批評這味「苦藥」喝下去，以柔代剛獲得雙贏的結果！

▌給你的批評裹一層蜜

春秋時期，晉靈公奢侈腐化。一天，他心血來潮下令興建一座九層高的樓臺。這種舉動無疑於勞民傷財，因此，群臣紛紛勸阻。這下，激怒了晉靈公，他揚言誰敢再說三道四就斬首示眾。

這樣一來，便沒人敢說話了。可是，孫息卻對晉靈公說：「靈公，你的主意很妙啊！他們不理解你，真是太笨了。」晉靈公聽孫息這樣說，感覺很受用。

孫息看到晉靈公的臉色由怒轉喜，說道：「大王，我這裡有個奇妙的遊戲，我能把九個棋子擺在一起，上面還能再擺九個雞蛋，你想看一下嗎？」

晉靈公一聽很感興趣，立即要孫息露一手。於是孫息開始表演，結果越擺越高。這時，晉靈公忍不住對孫息大聲叫道：「危險！」孫息掂了掂手中的雞蛋慢吞吞地說：「這算是什麼危險，大不了摔壞幾個雞蛋，還有比這更危險的事！」晉靈公就問：「什麼事比這還危險呢？」

孫息回答說：「建九層臺。三年內男人不能耕地，女人不能織布，老百姓沒有收成，外國也會趁機打進來。你說這不是比棋子上擺雞蛋更危險嗎？」

晉靈公一聽這話，嚇出一身冷汗，立即下令停工。

在這個例子中，孫息就是用在苦藥上裹一層糖的方法，先讚美晉靈公，讓先嘗一點甜頭，穩定情緒後他才能聽進自己的話，然後用做遊戲的辦法作比喻讓晉靈公明白此道理。這樣比直來直往、當面否定他人的效果要好得多。

職場中，下屬在批評主管時，要想既達到批評的目的，關係也不弄僵，可以借鑑一下這個智慧。

▌正話反說 —— 先讚美，後批評

有一次秦始皇異想天開，要修一座世界上最大最美的御花園，其中要多蓋樓閣，廣種奇花異草，以供遊玩消遣。

滿朝大臣面對這種荒唐的建議，只有目瞪口呆，誰也不敢勸阻，只有優游自告奮勇說他要去見秦始皇。眾大臣們搞不清他能否說服皇上，都抱有疑惑的目光。

優旃來到秦始皇面前時，滿臉喜慶的表情。他興沖沖地說：「聽說陛下要修一座很大很大的御花園，我聽了真是太高興了。我有一個建議可以讓御花園錦上添花啊！」

秦始皇一聽，在眾人的反對聲中優旃居然贊成自己，急忙催問：「什麼建議，不妨說說。」

優旃說：「希望您最好在大花園中再多畜養各種飛禽走獸，特別是要多養麋鹿，越大越好。」

秦始皇問：「為什麼麋鹿養得越多越好呢？」

優旃眉飛色舞地說：「麋鹿是很稀奇的動物，特別是牠那尖尖的角很銳利，東方那些諸侯誰都沒看過麋鹿。一旦有他們反叛，您就可以驅趕著這些麋鹿去頂他們，一定戰無不勝。」

秦始皇剛開始還覺得優旃的話可笑，可是聽到最後明白了優旃話中有話，不像是簡單地讚美他。當然，他更明白優旃這樣說代表了很多大臣的意見，只是表達方式不同而已。終於，經過一段時間的思考後，秦始皇放棄了修御花園的念頭。

不論古代還是現代，不論是專制的主管還是大度的主管，毫無疑問，下屬當著主管的面直接嚴厲地批評，肯定無法接受，同樣也不利於下屬以後開展工作。因此，遇到這種情況，可以事先給他一些讚美，然後婉轉地指出他所犯的錯誤。比如：正話反說就是先讚美，之後在暗示中讓主管自己去體會下屬說話的含義。這種溫和的態度，間接的批評，不僅可以讓主管意識到他自己的錯誤，還可以為自己換來好感和尊重。因為你給了主管很大的面子，主管會感覺到你是出於關心他考慮，就是批評也能讓人聽著舒服。

█ 檢討自己，抬高主管

人無完人，每個人都會犯錯誤。因此，當你指責主管的錯誤時，不要著急給他指出來，可以先檢討一下自身的不足，坦率承認自己也並非完美。這樣等於也是在抬高主管，主管也會打消對你的排斥和拒絕。如此一來，主管也會比較容易接受你的批評。

█ 發現主管特質

其次，如果能夠在批評主管時，發現對方的特質，並先對這些特質進行一番褒獎，也會取得很好的效果。

對於任何人來說，畢竟挨批評都不是一件令人高興的事情，何況主管？因此，批評主管的確是一門應該掌握的溝通藝術，讓批評裹上一層糖衣，批評就不會變成你與主管繼續交流的障礙。如果不了解這一點，主管即便是做錯了事，也不會承認。

迂迴表達分歧意見

在工作中，因工作而產生的上下級之間的衝突和分歧本來是很正常的事情。可是，有些下屬，明明知道主管的指示是不正確的，但認為天塌下來由主管頂著，為了給主管留下聽話的好印象，便去執行了。有些下屬，和主管意見不一致時爭論的面紅耳赤、唇槍舌劍，這實際這已是關係破裂、火上加油的兆頭。我們知道：「兩虎相鬥必有一傷」，試想一下，爭論的結果無論誰輸誰贏，最終在感情上都很有可能造成兩敗俱傷。一旦出現這種兆頭，你要再說服他恐怕就難上加難了。

那麼，不爭論順從主管嗎？順從等於縱容；不順從，會給主管留下不好的印象，自己的工作也將出現被動局面。此時，如何才能既表達自己不

同的觀點又讓主管接受呢？可以迂迴表達自己的分歧意見。

曾經，喬治六世國王的祕書就用這種方式說服了邱吉爾。

1944 年 6 月，盟軍決定在諾曼底登陸，進攻日子定在 6 月 6 日。在這前一天，邱吉爾面對著激動人心的歷史時刻，突發奇想：要是能夠邀請國王一道隨部隊渡過英倫海峽，親眼目睹這次具有歷史意義的戰役，將是多麼難忘的人生經歷啊！於是，他向國王發出了一起觀戰的邀請。

當時，喬治六世國王也有與邱吉爾相同的想法，他也很希望能像古代國王那樣親自率領軍隊投入作戰，於是，當即表示贊同。

這時，國王的私人祕書聽說英國兩位最高層政要 —— 國王與首相決定去經歷一場生死難料的風險考驗，驚駭不已。萬一國王、首相一起遇難，國家如何收拾？可是，國王正在興頭上，正面直接勸阻難以奏效，於是阿南對國王說：「陛下，我想知道，您對伊麗莎白公主還有何吩咐？萬一有什麼不測，王位將由誰來繼承？首相的候選人是誰？」阿南的話恰似一副清醒劑使國王頓時醒悟，自己和首相的想法確實太草率了。於是，他立刻給邱吉爾寫信，宣布撤銷成命，並勸邱吉爾也不要去冒險。

就這樣，祕書在緊要關頭巧妙地用「以迂為直」的策略，從國王最關心的人開始，用間接的提問打動國王，從而阻止了一次不必要的冒險行動。如果他直接去阻止，國王肯定不會接受。

另外，在對待分歧時，不妨虛心地向主管請教：「這個問題這麼辦，您看是否可行？」與主管一起商量對策，拿出方案，這樣不僅為主管解了憂，也能在主管面前為自己留下好印象。

另外，如果主管安排的工作自己確實無法完成，也要婉轉地表達自己的意見，比如「這件事透過努力是可以做到的，但其中有一些具體的困難，需要得到你的幫助」。這種留有餘地的說法，給主管的感覺是：下屬

確實很想將這件事做好，但真的存在些困難，我得想辦法幫助他。這樣建議就成了求援。

　　企業中，有些員工在與主管的相處中就很懂得使用這種迂迴表達建議的方式。

　　小華是某廣告公司的企劃人員。本來，春季就是各公司銷售宣傳的旺季，他們部門人手不多，已經很繁忙了，但是公司主管卻將其他部門的工宣傳文案工作也交給他們做。這下，他們既要對外部的客戶負責，又要忙於內部各部門的宣傳工作，有些力不從心。每天加班到深夜，甚至週末也不能休息。在這種情況下，小華他們幾個心裡很不舒服。於是他們一合計，還是找主管談談吧！

　　可是，如果直接說主管分工不正確，肯定主管會一口否認，該如何是好呢？經過合計，他們決定派一個代表，將工作計畫報給主管，然後分析時間問題，讓他自己去分析員工能否完成工作任務。於是，小華被派上「前線」！

　　當小華敲開主管門後，非常抱歉地說：「經理，我不得不打擾您一下，您交代完任務後，我做了個詳細的工作計畫表，想給您看看。」主管有點不耐煩地說：「不用了，只要你們完成任務就行了！」但是，小華停頓了一下，怯怯地說：「我們倒不怕加班，只是擔心按照我的計畫表，即使完成了也不能保證品質，所以希望得到您的支持和指教。」

　　主管一聽，馬上眉開眼笑，他仔細看了看報表後說：「謝謝你的提醒。這樣吧，這個表我收下，我打個報告給老闆，讓市場拓展宣傳部分分給銷售部門吧！」

　　小華一聽，微笑著離開了。

　　當下屬在工作中與主管發生分歧時，最好是避免與之發生正面的衝

突，自以為是頂撞主管不但無法為他分憂，反而為主管施加了更多的壓力。主管與下屬需要合作，即便有分歧也不能放下工作，因此，重在溝通達成一致。而迂迴表達不但可以讓決策失誤的主管及時悔悟，也有利於和主管達成一致意見，爭取他們的支持，步調一致，共赴成功。

聽懂主管的暗示

主管都喜歡與自己配合默契的下屬，要配合默契首先需要當然要明白主管的語言乃至動作行為意味著什麼。

說話是人與人之間傳遞思想、交流感情最基本的手段，但真正的說話技巧不僅是會說，還要會聽。可是，由於主管和下屬的身分、地位和工作內容不同，有時候出於某種需要，不可能把自己心中所想的明白無誤地告訴下屬，有些含義，需要下屬去用心揣摩。如果你不明白這一切，事事都要主管去點明，就會像小熊一樣最終會「笨死」。如果主管總抱怨下屬不明白自己在說什麼，那就是危險的訊號。這樣的下屬就很難得到主管的重用。因此，和主管相處，一定要明白他們的暗示。

有時，主管礙於自己的地位，不便隨便表態，這時你應該比較乖巧，要替主管說出他們心中想說的話，千萬不要扭曲他們的意思。那樣就會吃不了兜著走了。

某文化館的館長到了退休年齡，可是他還希望自己能再任一屆。因為這個文化館是他千方百計跑上級部門、找企業籌措資金創辦出來的。論功勞、論人品，沒有人不佩服他。只要他不提出辭去館長職務，誰也不會接替他的職務。

可是，近來市政府三令五申要提拔重用年輕人，館長也很為難。於是，在一次會議中，他提出希望自己提出辭去館長的職務。本來，他希望

會有很多人挽留他再任一屆，可誰知，年輕的辦公室主任竟然信以為真了，他聽完館長的話後，就向館長提出了新的館長候選人名單。

館長一看，深感不滿，這小子分明是早就預謀好了啊！於是，館長藉機先上廁所去。

20分鐘後，事情出現了轉機，一個老書法家緩緩地站起來說：「我說兩句，不知是否合適。諸位都知道，沒有館長就不會有現在這樣頗具規模的文化館，更沒有我們這些人的用武之地。雖然，現在我們館人才濟濟，但是提到管理，可不是繪畫描魚那麼輕鬆。我覺得，年輕人約提拔還需要一段過程。」

聽到老書法家的這番話，館長的心中長出了一口氣。後來，辦公室主任被安排了一個有名無權的虛職。而老書法家卻被提升到了重要的管理職位。

很多時候，主管並不會把所有的事情都說透說破，特別是涉及到自己的切身利益和在大眾中的形象時，他可能只是試探性地詢問，或者巧妙暗示，如果聽不懂主管的弦外之音，很可能誤解他們的用意，錯失自己晉升的大好時機。這個辦公室主任就說沒有聽懂主管暗示，把館長的退讓假戲真做了。他不明白，對於主管來說，還有什麼比權利更讓他們戀戀不捨呢？不到萬不得已，誰都不會輕易放棄。而這個道理老書法家明白，他能及時地接收到主管的暗示資訊，並能做出反應，促進與主管的溝通。因此，館長才對他委以重用。

雖然這個館長的做法不可仿效，但是也說明，和主管相處聽懂他們暗示的重要性。如果不能正確理會主管意圖，就更談不上貫徹主管的意圖了。

那麼，怎樣聽出主管的暗示呢？

▌聽話聽音

隋末唐初時期，封倫從隋朝的大臣搖身一變投靠了李淵。

一次，他隨李淵出遊途經秦始皇陵。李淵看到這座曾經極為宏偉的陵園經過戰爭的劫難只剩下殘磚碎瓦，不禁十分感慨地說：「古代帝王耗盡國力，大肆興建自己的陵園，到頭來卻成了黃土一抔……」

這個時候，封倫把握時機地說道：「自秦漢以來，帝王實行厚葬，官吏和百姓也競相仿效。若是人死而地知，厚葬全都是浪費；若是人死而人知，被人盜掘，那只會是更加難堪。」

李淵聽到這樣的話，覺得很合心意，於是就下令「從今以後，自上至下，全都實行薄葬，不許鋪張奢侈。」

封倫為什麼悟性如此好，能猜透李淵的心思呢？有句俗語：「看人看相，聽話聽音。」因此，我們在聽話的時候，要善於從主管的談話裡聽出言外之意、弦外之音。在這裡，李淵對始皇陵的感嘆不是惋惜，而是批評。他肯定是不贊同厚葬。因為李淵的話中有「耗盡國力」這一句。如果是惋惜，他就會責罵那些戰爭殺手不注意保護文物了。但是，他感嘆的是「耗盡國力」。因此，封倫才提出「厚葬全都是浪費」的觀點。代李淵說出了他想說的話。當然，封倫如此機靈，他自己的前途也大放光芒。

▌試探法

有時主管面臨一些難以處理的局面，不好直接言明。比如：對於企業的主管來說，直接說缺錢是很沒面子的事情。可是，下屬的積極性又不能打擊，只得找理由搪塞。此時，下屬要機靈點，掌握主管的說話的語氣和表情，去捕捉、判斷其意圖和暗示。不妨用自己想出的辦法試探他們。如果你看到主管眉頭舒展，就證明你的試探有針對性。

小王成為一家服裝設計公司的主管後，興奮極了，本想把自己的創意大大發揮一番。可是，沒想到自己的獨特創意只得到了老闆口頭表揚，市場反應不佳。原來公司行銷推廣不理想。

得知這個原因後，小王向主管建議一個很好的宣傳計畫。起初主管聽得眉飛色舞，後來聽到請眾多大牌明星和媒體炒作後，態度漸漸冷淡下來。預算從哪來？可是，老闆又不便說明。

小王看到這個情況，試探著說：「我們不妨邀請幾家服裝廠商來贊助。他們正好借這個機會讓模特兒穿上我們設計的服裝宣傳自己。」主管一聽，頓時眉開眼笑。

▌讀懂委婉的語言

有的主管很溫文爾雅，也很注意員工的面子，不願用直接的方式來詢問，常常用一些看來比較關切的委婉的語言來安排工作。此時，下屬需要仔細思索主管的「弦外之音」，做出正確的應對之策。

一次，老闆突然問外貿學校畢業的小劉：「你的英語和外國人交流沒問題吧？」雖然小劉對自己的外語能力沒有那麼自信，但他覺得老闆的意思是：如果外語程度高，就可以一起去。於是，小劉自信地回答：「沒問題。」之後又利用下班時間去補習幾個月的了外語。果然，半年後，他獲得了這次機會。

比如：主管比較關切地對你說：「你辦公室的光線是不是太暗了？」其實意思可能是告訴你文件起草的太潦草了，希望你改進。又如，當你們正在為一個問題激烈爭執的時候，主管揮揮手說：「你看著辦吧。」此時，你千萬不要以為主管心甘情願把決定權交給你，而是指他對你的遲鈍感到厭煩。其實，他的暗示是：「我的意思你回去好好想想，想清楚再談。」

　　總之，主管的話外音遠遠不止這些，能不能思索明白，關鍵是看個人的悟性。「看雲識雨、見微知著」是一個聰明下屬的標誌，更是良好的職場溝通能力的展現。要想聽懂主管的暗示，需要經常和他們交流，平時深入觀察，仔細揣摩，熟諳主管的習性。相處的時間長了，你對他們的行為習慣和表達方式可能就會有更多的了解。

用不同的棒槌敲響不同的鼓

　　溝通也需要因人而異，對於性格不同、愛好不同的主管，不能都用千篇一律的溝通方式。如果主管水準有限，你非要咬文嚼字；如果主管文雅，你卻像猛張飛一樣上來就動粗。如此，溝通的效率就會大大降低。因此，溝通也需要掌握不同的方式，用不同的棒槌敲響不同的鼓。

　　小王的主管是七年級，家族企業接父親的班。也許是因為他沒有嘗到過創業的艱苦，經常不是飆車就是去舞廳，因為精力不足工作常常丟三落四。比如昨天還說今天的工作是通知應徵者來參加面試，可是，今天早上就忘光了，讓人力資源部門的人措手不及。結果主管還埋怨小王不提醒。

　　這樣的事情多了，小王總結出一套經驗，基本可以應付主管了。比如：那天去給這位貪玩的主管送資料，小王專門選了一個主管辦公室人多的時候，將資料放在他的桌子上，認真地說：「這是董事會發的資料，請您看過後和我溝通一下。」主管「嗯」了一聲。

　　小王擔心主管又會束之高閣，進一步解釋說：「裡面有一條人事管理方面的規章，是大老闆親自交代的，關係到我們部門相關人員的調整，您一定要重視啊！」

　　「是嗎？」主管一聽小王這幾句關鍵的話，趕緊離開電腦，拿起文件看了起來。

「您看後註上自己的意見，我好續續處理啊。」小王看自己這招見效了，才放心地離開辦公室。

像小王遇到的這種主管，如果擔心他們會延誤工作，與他們溝通最好的方法就是，故意提出他最感興趣或者他最擔心的話語來加深主管的印象。最後，還可以用簡短的語言提醒主管，讓他們牢牢記住。

還有一種主管在遇到難處理的問題或者涉及到員工利益的問題時不知出於什麼原因考慮，總是一副模稜兩可的態度。這時候，員工又不能自作主張，就需要巧妙地進行溝通，明白主管的意圖。

在某企業，小段負責汽車維修。可是，一個月來，他遇到了十分棘手的問題，七家客戶要求他們上門維修。本來這些客戶的車是過了保固期的，廠商也沒有義務隨叫隨到。可是，客戶不明白這些，非要他們賠償。於是，小段把事情向主管反映了。

誰知主管聽後只是點點頭，沒有說話。

但是小段必須在下午回覆客戶，否則客戶會親自上門來要求賠償。看到主管這種不知可否的態度，小段進一步說道：「客戶要求我們今天就要修好。但是，他們又過了保固期，再說上門維修所需要的材料客戶自己不願意承擔的話，怎麼辦？」

此時，小段不能不考慮自己的利益。如果今天上門維修，就意味著他要加班了。再者，如果客戶不買維修材料，廠裡也不報，就意味著自己掏錢來買。這種工作簡直沒辦法做。

看到主管還是含含糊糊的態度，小段乾脆點明了。他問：「我現在想知道，這個維修是否在我們的制度規定之內？」

主管說：「雖然不在制度之內，但是如果客戶投訴廠商對我們也不利。」

小段聽到這裡後繼續問：「既然這樣的話，我出去的費用自理還是免費？」

此時，主管不能不表明態度了，他說：「費用暫時你出，回來後憑發票報帳。」

在得到主管清晰的答覆後，小段才開始去執行任務。

如果遇到這種有意打馬虎眼的主管，員工要採取主動的態度和主管溝通。一方面是因為事關自己的利益，另一方面，也是出於為客戶、為企業負責的出發點考慮。如果不和主管溝通好，自以為是，好心也許會辦錯事。

當然，在和主管的溝通中，員工要注意方式方法，要因人而異，因時而異，因事而異，就好不要在主管休息、吃飯或者睡覺的時間去打擾他們。那樣他們情緒受到影響就不會達到自己的目的。

第五章
能力再強也不和主管搶風光

　　「在公司裡，老闆是上帝。老闆永遠是對的，老闆錯了，請參考上一條。」這聽起來像是笑話，事實上，在職場上幾乎是不可更改的現實。維護主管的表面權威，是每個公司員工應盡的「義務」。特別是在公開場合，主管的權威性更是不容置疑。因此，一名聰明的員工，都懂得給足主管面子，維護主管的形象與權威。因為聲望也是一種利益，這種利益主管內心都喜歡。

　　因此，下屬在工作中可以有個性，甚至可以有張揚的個性，但你的個性不能損及主管的權威，不能搶了主管的風頭。在主管的威信面前，一切都要靠邊。這也是做下屬的應該掌握的一種被主管藝術。

任何時候都不能讓主管「臉上無光」

　　我們知道獨特的文化氛圍和社會環境下，人人都愛面子。主管當然更不例外，他們也有相同或類似的感受。

　　某款索尼筆記本有一句經典的廣告詞「小心搶了老闆的風頭」，這其實恰好切中了「公司政治」的要害。幾乎所有的主管都無法容忍部下功高蓋主，無論他工作多麼出色。特別是在公共場合，一旦看到下屬像眾星捧月一樣受歡迎，主管肯定會感覺沒面子。如果有人對此有懷疑，想試一下這種規則的正確性或者試圖推翻此規則，只能是雞蛋碰石頭，嚴重的甚至會是「爾曹身與名俱滅」的結局。

　　隋唐人孔穎達，字仲達，很會寫文章，也通曉天文曆法。當時，隋煬帝曾召天下儒官，集合在洛陽，令朝中士與他們討論儒學。穎達年紀最小，道理卻說得最出色。因此，那些年紀大、資深望高的儒者認為穎達超過了他們是他們的恥辱，便暗中刺殺他。後來，穎達躲在朋友家裡才逃過這場災難。

　　也許你會說，那些謀害孔穎達的人實在太可恨了。的確，他們的手段是有些太過度了。但是，這個故事說明，不論在官場還是在職場上行走，都不要讓自己光芒四射，特別是不能遮蓋了主管的光芒。原因無他，因為下屬這樣做把主管比下去了，他們的面子往哪裡放？如果在主管面前「揮刀弄棒」，他們會認為是下屬發出挑戰的訊號，會感到自己的權威受到威脅和損害。特別是在公開場合，如果不給主管留面子，結果便是主管要麼給予以牙還牙的還擊，透過行使權威來找回面子；要麼便懷恨在心，以秋後算帳的方式慢慢報復。

　　主管不是聖人，即使再有胸懷，也不會容忍下屬明爭暗鬥把他比下去。即使有些主管很大度，不和下屬一般見識，但是情感上的憤怒依然是存在的。儘管他們在眾人面前表現得很有涵養，可能他不會發火，但卻會生悶氣，這個陰影將會把之前對下屬美好的印象吞噬，改變他對下屬的態度。心胸狹窄者甚至隨時都準備給那些愛出風頭的下屬一些教訓。如此，下屬再也不會得到主管的厚愛和關照提攜，從此後悔莫及啊！

　　田中道信是日本著名的銷售大師；但他只相信能力，不相信謙虛和務實。後來，當信賴他的老闆去世後，新社長決定實行新的管理之道。

　　這時，心高氣傲的田中道信倚仗自己的能力和經驗，對新社長的做法進行了針鋒相對的爭執與反對。結果，新社長一怒之下就宣布免去他的職務。因為在新社長眼中，田中道信如此明目張膽地頂撞自己，實在太沒有規矩和面子了。自己剛上任他就這樣，其他員工會怎麼看？

　　儘管田中道信感覺實在冤枉，可是，員工們都認為他這樣做是明顯地瞧不起主管，讓新來的主管臉上無光。

　　後來，田中道信認清這點後想向新社長解釋，可是新社長卻因為疾病鬆手人寰了。田中道信為此後悔不已。

其實，主管之所以愛面子並非都是出於私心，也絕不僅僅是因為面子文化的潛意識在作祟，更是在於主管從行使權力的角度出發，維護自己權威的需要。因為他們是企業形象的代表。雖然員工也是企業形象的表現，可是代表人物是主管。因此，從某種程度上說，主管愛惜面子對內也是在維護企業管理架構的合理性，對外也是在維護企業的形象。否則，威信受到損害，便會使權力的行使效力受到損失。以後員工在執行主管決策的過程中就會產生懷疑，即便被迫執行也會大打折扣。因為人們不禁要問：他說的是否都對呢？這樣做是否會產生應有的效果呢？局外人也會認為：一個連下屬都不如的人居然能做主管，這樣的老闆真是有眼無珠！這不但會降低主管權力的有效性，而且也有損企業高層的形象。

所以，有能力的下級在表現自己時一定要注意，不要讓自己的光芒把主管遮蓋住了，要盡量給他們留面子，像眾星捧月一樣處處讓主管發光，而不是本末倒置。這樣做，首先表明你對主管是善意的，是出於對主管的關心和愛戴；另一方面，留面子還表明你是尊重主管的，服從他的權威的，對公司的管理架構也是認可的。因此，這樣做也是遵守公司紀律的一種表現。

那麼，怎樣做才是能顯示自己的能力又為主管留下了面子呢？

- 無論何事，不要挑戰他的權威。在見解有分歧的時候，爭論可以，但不要讓他有任何說不出的反感。你若對主管有意見，最好透過坦誠的交流使這種隔閡化解於無形，不要藉機詆毀或者攻擊主管，否則，很小的不愉快也會慢慢變成不可調和的大矛盾。

- 在公共場合給主管提意見時，要贊同主管，即便是唱反調，也要和主管在私下裡進行更為深入地交流和探討。

- 遇到能力不足、缺乏自信心的主管時，下屬要適當地幫助並推動主管發揮自身特長。

- 在過度自信的主管面前，則要抱著學習的態度，放大主管的優點，認真傾聽他的炫耀，將自己的表現度降到最低。

- 碰到氣量小、脾氣暴躁的主管時，要正確看待他們的缺點並放大其優點，消除其嫉妒心理。

總之，員工為主管留面子，不只是維護主管自尊心、替主管考慮的需要，這樣做，對自己也很有益處。俗話說：人非聖賢孰能無過。如果你一旦在工作中發生失誤，或者提出的意見並不確切或恰當，主管會考慮你的面子，不至於讓你下不來臺。因此，為主管留面子的最大好處是給自己留下了充分的餘地。

居功自傲會傷害主管

職場中，有些人工作做得確實很好，也確實為公司創造了巨大效益，因此，他們難免居功自傲，以為自己很有本事，認為一次有功就可以永遠躺在功勞薄上，處處擺出一副盛氣凌人的架勢，頤指氣使、飛揚跋扈，自作主張，工作中也不肯配合主管。

其實，他們這樣做一方面暴露了他們的淺薄，庸俗，另一方面，也有功高震主的危險。結果，他們理應擁有一個美好未來的夢想也灰飛煙滅。

在美國麻薩諸塞州，有一位超市經理管理有方。在激烈的市場競爭中，他率先採用「績效提成」的管理模式，把銷售員的薪資與超市的營業額連繫了起來。這一管理改革使超市的生意由虧轉盈。

這下，這位經理出名了，電視和廣播等媒體也紛紛前來採訪他。他沉

浸在成功的喜悅中，在得意和成功之餘在媒體上頻頻亮相，從未在自己的採訪中談到過主管們的功勞，就連記者到辦公室來採訪時，他也從不引見董事長與他們認識。

當主持人問到這位經理成功的祕訣時，他興奮地說：「這是我多年經驗的總結，我研究了很久，才想出這種管理模式，果然獲得了成功。」

結果，董事長不滿意這位經理的態度，在接下來的幾個月中漸漸冷落他。之後，員工們看到董事長這樣的態度，也不再配合這位經理。

這位經理就是犯了典型的居功自傲的錯誤。他認為成績是自己辛苦賺來的，與主管無關，忘記了要與主管們共享榮耀。主管聽後當然感到不高興。

他不明白，其實，下屬的成績中確實都有主管的功勞，當主管支持下屬時，下屬的業績會不斷攀升，而當主管冷落下屬時，下屬的能力就會大打折扣。董事長用自己的行動終於讓這位經理明白了這個道理。當經理失去董事長的支持之後，他的工作效率卻明顯下降了。

居功自傲的人大多驕傲專橫，傲慢無禮，自尊自大。他們大多自以為能力很強，很了不起，做事比別人強、看不起別人。由於驕傲，往往聽不進別人的意見；由於自大，往往做事專橫，輕視有才能的人，看不到別人的長處。他們沒有想到，主管既然能夠坐到這個位置，肯定具備相當的能力。即便某一方面比不上你優秀，但是綜合素養和能力肯定是你無法相提並論的。結果，自己的人生就在這種傲慢的心態中發生了悲劇性的轉變。

在公司中，員工擁有過人的才華是必須具備的條件，但是自傲浮躁的工作態度就是不可取的。如果過於強化自己的能力，以至於忽視或貶低主管的決策，就是不懂得被主管之道。很顯然，沒有一個主管喜歡整天昂著腦袋跟自己打交道的下屬。

如果說在企業經營中，居功自傲的結果只能是毀滅自己大好前程的話，如果在官場，特別是在封建時代的官場，居功自傲的結果很可能會為自己招來殺身之禍。

唐朝的尉遲敬德是凌煙閣二十四功臣之一。可是，他倚仗自己是開國重臣，驕狂放縱、盛氣凌人，招致同僚的極為不滿，甚至有人告他謀反。

李世民知道後問尉遲敬德時，敬德脫下衣服，露出身上的纍纍傷痕。李世民感動至極，放過了他一馬。但是，敬德的驕縱狂妄卻一點也未有所收斂。

一天，尉遲敬德在太宗舉行的宴會上與人爭論誰是長者，一時火起，居然揮拳向任城王李道宗打去，結果打瞎了李道宗的一隻眼睛。這次，李世民私下召見了敬德，語氣嚴厲地告誡他：「朕的確想和你們同享富貴，然而你卻居功自傲，多次冒犯別人。你難道不知道古時韓信為何被殺嗎？在朕看來，那並不是高祖的罪過！」一聽這話，尉遲敬德嚇得不敢出聲，連忙低頭認錯。

李世民這樣做一來是為了教訓尉遲敬德，二來也是為了維護自己和大唐帝國的形象。試想，如果李世民不教訓尉遲敬德，團隊的其他人肯定不服，會認為李世民不是害怕就是袒護尉遲敬德。而且，進一步說，即便李道宗應該教訓，恐怕也應該由李世民出面，不應該尉遲敬德動手。因此，尉遲敬德這樣做也是對李世民的不敬。李世民焉能輕饒尉遲敬德？

很明白，在李世民看來，你尉遲敬德勇猛善戰是應該的，離開我為你搭建的平臺，你尉遲敬德再有本事也無法顯現出來？再說，你應該得到的封賞也得到了。你不思感恩反而要在我的地盤上撒野，真是找錯了地方。怎能不教訓一通？因此，尉遲敬德就是不懂得被領導的藝術。做下屬的能力再強也不能讓老闆養一輩子，更不能倚仗功勞不把他人放在眼裡。

古語說：「滿招損。」不論在官場還是在職場，因為貪功而得罪主管的員工不在少數。當員工被勝利沖昏了頭腦，把功勞大攬在自己身上的時候，他就無形之中觸犯了主管的權威，他的職場生涯也就會面臨新的危機。如果一位員工自認為對企業貢獻很大，或者為老闆建立了不可磨滅的功績而從此目中無人，也等於是為自己自掘墳墓。

把榮耀讓給主管戴

雖然現代職場更多的是憑真本事說話，但是，但是如果下屬做出出色的成績時，翹起尾巴享受成功帶來的快樂，把功勞全歸功於自己，大多數主管都很難接受下屬居功自傲的囂張。因此，這種時刻，要防止盛極而衰的災禍，必須牢記「持盈履滿，君子競競」的教誡，不要因為自己的得意讓主管感到難堪或者心生不滿。

那麼，那些在企業中立下戰功的「元帥」和「將軍們」怎樣做才能讓主管滿意呢？

▌不要刺激主管對你的嫉妒心

如果你確實有真才實學，又有很大的抱負和理想，也曾經在實踐中證明了自己的能力，那麼，就需要注意自己的言行，盡量不要刺激主管對你的嫉妒心。對於那些本來就對你心生「嫉妒」的主管，沒必要去計較你長我短，可迴避而不宜刺激。否則，會招致不必要的麻煩。

▌故意表現自己的「弱智」

即便你比主管能力強，在無關緊要的事情上不妨讓他們一把，不要處處風光占盡。

南朝王僧虔是東晉王導的孫子。年紀很輕的時候，僧虔就以擅長書

法聞名。宋文帝看到他寫在白扇子上的字，讚嘆道：「不僅字超過了王獻之，風度氣質也超過他。」宋文帝時官為太子庶子，孝武帝時為尚書令。

可是，到宋孝武帝時，王僧虔曉得孝武帝想以書名聞天下，便不敢露自己的真跡，曾把字寫得很差，因此才平安無事。

▌把榮耀送給主管

在團隊中，每個員工取得的成就都不是單打獨鬥的結果，都離不開主管的大力支持，主管對下屬的栽培和指導。所以，員工在得到業績回報時，別忘了感激主管，不妨讓主管也榜上有名。

聰明的員工在得到表揚之時，總是把紅花送給主管戴，讓主管分享成功的快樂。事實上，這種分享不會損害員工的既得利益。因為主管在心理得到滿足的同時，也會對這樣的員工產生謙虛好學的印象，以後會進一步賞識和重用他們。

龔遂的手下有一個姓王的屬吏，平時都以喝酒為樂，又經常說大話。王先生聽說龔遂要回朝受功，就請求與龔遂同往。隨行的人紛紛反對，龔遂看王先生非常執著，就帶著他同行。到了長安後，王先生聽說龔遂快要去見皇帝了，便問龔遂：「如果皇上問你怎麼治理渤海的，你怎麼回答呢？」廣龔遂說：「我就實話實說，要人盡其材，嚴格執法呀！」

王先生一聽，連連搖頭說：「這不行。你這樣說無異於是誇獎自己治理有功。你要把功勞歸於皇帝，說是皇上的天威，讓百姓受到了感化。」

龔遂接受了王先生的建議，把功勞都送給了皇帝。漢宣帝聽後非常高興，對龔遂多加獎賞，有了更廣闊的仕途。

當然，主管這樣做並非要和下屬爭功，只是檢驗一下下屬是否尊重自己，在遇到好事時是否太自私自利。如果下屬的做法令他們滿意，那麼，主管會感覺到自己的栽培和重用是有價值的，以後會給他們提供更多的建

功立業的機會。這樣，下屬也會得到員工的認同和尊重，職業前途也會是一片光明。

能夠不居功自傲，肯讓主管分享成功的喜悅並不是拍主管馬屁，而是一種對主管尊重的表現，也是和主管相處的一種藝術，特別是對於那些平庸的主管來說，下屬如此做，他們怎能感激不盡呢？

下屬能夠這樣做，也是自己心胸寬廣的表現。既然自己有能力，就不用擔心主管不會重用自己，至於名分，何必一定要獨吞呢？這樣做也具備了當主管的條件。

做事要拚，看事要淡

每一個希望自己大有作為的人在工作中都會盡心盡力，不遺餘力地表現自己的聰明才智。工作當然要拚，要爭第一，爭先進。這不僅是表現自我價值的方式，也是帶動團隊前進的動力。可是，在名利面前就不要太斤斤計較、寸土不讓。特別是在自己的利益和主管、和同事有衝突時，或者自己經過一番打拚沒有得到理想的結果時。此時，需要淡看春月秋風。

做事要拚，看事要淡，才是主管心目中理想的下屬。

阿強是個急脾氣的人，在公司是有名的拚命三郎，別人一週才能做好的工作，他不到四天就結束了。在他的帶領下，他的工廠工作效率也得到很大提升。當然，老闆對他的高效率也樂的合不攏嘴。可是，在一次年底評選資優中，經過民主測評、群體研究後，阿強卻與資優無緣。

於是，阿強心理很不平衡。他先是到處大發牢騷，認為自己沒當上資優太沒面子，後來竟發展到在一次團隊聚餐時，當著全體員工公告，提出不做了。沒想到，老闆居然批准了他的請求。在工人們感到意外時，老闆解釋說：「一個工廠主任居然這麼點小事就無法忍受？心胸懷也太狹隘

了。我本就有對其免職之意，這次正好解除了他的職務。」

其實，那次老闆為了照顧一個快要退休的工人，才把阿強的名額讓出去了。

可是，阿強哪裡知道這些？他以為自己志在必得。按照他的脾氣，如果知道讓給了老工人也會找老闆理論一番。因此，老闆不用他也是應該的。

許多人可能都有阿強這樣的想法，認為一個賣力為公司工作的人，當然有資格獲此殊榮。因此，存有這種想法的員工自恃自己貢獻很大，一旦公司沒有滿足他的要求，沒有得到預想的回報就會抱怨連天，甚至一怒之下做出偏激的舉動，好像滿世界的人誰都對不起自己。

當然，多勞多得，付出和得到成正比是誰都渴望的。可是，世界從來就不是我們想像的那樣公平。這並非是主管要故意和我們為難，或者有意鍛鍊我們，而是因為他們占的高度不一樣，看問題的角度不一樣，因而採取的方法也會不同。

也許在員工看來，一次模範員工評比、一次獎金發放就是自己榮譽和利益的證明。固然，這些是激勵員工的一方面。可是，除此之外，主管還要平衡所有員工的心理，考慮到各方各面的因素。畢竟，團隊不是僅靠幾個勞模和貢獻突出的員工來帶動的。那些看起來沒有什麼業績、也無法進行績效考核的部門，比如保安、倉管等部門，誰又能否認他們的貢獻？公司的發展和他們默默無聞的支持也分不開。因此，主管在激勵員工時會考慮全面因素。有時，可能會犧牲一部分人的利益。

可是，在這方面失去的，主管會在其他方面補回來。因為在品德的較量中，主管明白了一個人的德性和心胸是否值得進一步重點培養。但是，這些道理，員工往往不明白。他們往往只看眼前的蠅頭小利。

如果你曾經或現在仍然有這樣的心態，一定要糾正自己的心態，不要因為一時的職位得失而情緒低沉，甚至甩手不做。那樣，你就真正失去了發展的機會。

小孫和小蘇是大學同學，而且共同任職於某公司銷售部門。兩人公司快五年了。最近，公司準備從他們中提拔一名當銷售經理。小孫心想：「這個職位應該是非我莫屬了。」很顯然，他的銷售成績一直位於部門前列。而小蘇呢？很少創新的點子，所以主管很少當眾表揚他。

於是，接下來，小孫更加努力地表現自己，他不但工作更賣力，而且從各方面都對自己嚴格要求，在銷售上也主動幫助那些新員工。

雖然小孫滿懷希望地表現自己，但是令他沒想到的是，銷售經理居然是小蘇。當他向主管側面了解情況時，主管告訴他，小蘇穩紮穩打的工作模式和穩重的性格，更適合維護已經開拓的市場和服務客戶。而小孫呢，在工作上一直都很順利，還缺乏必要的挫折和磨練。把銷售經理這麼重大的責任交給他，還為時過早。

既然主管這樣覺得，小孫也沒再表示什麼。在以後的工作中，他注意觀察小蘇對待客戶的方式，學到了不少值得借鑑的地方。

幾個月後，公司新上了一個專案，急需開拓更加廣闊的市場。這次，主管直接提拔了小孫當專案部經理。主管對他說：「開拓市場的能力你已經具備，幾個月來也踏踏實實向小蘇學到了服務客戶的一些經驗。相信你能做好！」

小孫沒想到，自己竟然擔任如此重任，對主管也感激不盡。

其實，公司的任何工作都需要認真對待。不管你在公司的哪一職位，只要你努力地為公司作貢獻，積極配合主管，都會成為優秀員工。如果你明白這個道理，能及時調整自己的心態，放對自己的位置，即使自己不在

主管的位置上，也可以做出令人信服的成就。那麼，主管看到你心態端正，就會認可你的進步，並對你委以重任。

因為，主管在用人策略上往往有自己的全盤計畫，他們不僅要考慮員工是否有能力勝任有挑戰的職位，而且還要看員工是否具備領導者的素養。假如你沒有被挑上，是因為你在某些方面的表現不符合主管選人的原則和標準。

因此，當員工對自己的評價與主管出現差異，要給予充分的理解。不要因為一時的得失而對自己失去信心，也不要因為＝努力暫時沒有得到認可而情緒低落。只有調整好自己的心態，以客觀的態度來審視自己，評價自己的工作，以平常心面對名利的得失，你的腳步就會離成功越來越近。

克服過度的表現欲

職場上，人人都有表現欲，人人都有領導欲，特別是那種年輕氣盛、才華過人的年輕人，自以為與主管相比，自己的知識面更為廣闊、更具創新思維，因此免不了四處打擂比武，甚至主管也當仁不讓。

可是，職場不是你的一畝三分地，這裡有著嚴格的等級觀念。雖然，員工在職場上混要靠能力生存，主管用人也主要是看能力，企業的效益更需要員工的能力和創新來提升，但是，有一點不容置疑的人，任何主管都不希望下屬在自己面前露一手，處處搶自己的鏡頭。這是一條不可動搖的職場潛規則。

古今，有很多有才識之士，他們才高八斗，學富五車，但是，卻屢屢得不到老闆的重用。為什麼呢？因為他們認為自己是能人、超人，處處總想表現自己的聰明能幹，而沒有配合主管的意識而是只顧自己表演，出盡風頭。他們對主管的見解和思路不以為然，有時甚至屢屢與主管唱對臺

戲。這種下屬，自然難以委以重任。

　　小李剛到網路公司時，主要負責技術開發。他在大學學的就是資工系，認為這下可以大顯身手了。由於他在公司的表現非常突出，很快公司便把他作為培養對象。

　　一次，技術主管要出國培訓半年，臨走前交代小何負責該部門工作。小何一聽非常高興，正是施展自己才華的好機會，因此將手臂挽袖子準備大幹一場。

　　他不但提出要開發手機遊戲軟體，而且對部門的管理也開始大刀闊斧地「瘦身」，以顯示自己非凡的能力，在總裁面前露一手。但是，他過於激進了。他那一套從日本學來的先進管理經驗員工們感到很不適應，好像每天都在監督下工作一樣，因此並沒有產生很大的效果。接下來，小何又引進歐美的管理模式，改變公司中原有的條條框框。但是，員工還是被弄得暈頭轉向。僅是管理變革就屢屢擱淺，手機遊戲開發遲遲沒有進度。沒想到，引起了人力主管的不滿。他一狀直接把小何告到了總裁那裡。

　　於是，一天總裁把小何叫到辦公室，微笑著對他說：「我不知道你想改變公司的管理構架，也想出新產品改變目前這種產品結構不合理的局面，但是，你有些太急於求成了。何況你也沒有三頭六臂。你的做法，現階段實施起來有很大的困難。你可以嘗試著分步驟實施。」

　　小何聽了總裁的話後思考了一週的時間，意識到自己確實是表現欲過頭了。於是，決心先開發遊戲，等順手後再變革管理模式。

　　職場上，沒有人不想出人頭地，每個人都有自己的「野心」，人人都希望自己首先「邁出眾人行列」，成為脫穎而出的佼佼者。特別是當員工被主管看重，被分配到重要的職位的年輕人是都免不了要表現一番。總是希望在最短時間內便讓人家知道自己是個不平凡的人，即使不能在全世界

出名，至少要使一個團隊的人都知道自己。因此總是希望能用言辭的鋒芒、舉止的鋒芒來吸引大眾眼球、刺激大家注意的最有效方法和途徑。這種心情可以理解，但是要順從實際情況，不能太過頭。如果不考慮環境是否匹配、時機是否成熟，「志向」和「企圖」太過外露，表現得過於激進，就像一個羽翼未豐的小鳥卻要展翅飛向藍天一樣，往往心有餘而力不足。如果你的激進措施讓主管感到了威脅，他們可能會利用手中的權力或影響力，對你進行攻擊，那麼，你一切的努力都會化為泡影。因此，要表現自己也需要懂得和主管相處的藝術，還需要適當克制自己的表現欲。否則，你頭上銳利的角不僅會刺傷他人，也會刺傷自己。

再者，鋒芒太露也會在同事中樹敵。因為他們的風光都被你占盡了，因此，一定會背地裡搞小動作，說不定哪天就會讓你摔個四腳朝天。在他們看來，你做的這些都是為了表現自己，而不是從他們的切身利益來考慮，結果只會成為孤家寡人。

有位哲人說：「如果你想得到敵人，就表現得比他更優越；如果你想得到朋友，就讓你的朋友表現得比你優越。」因此，那些自命不凡者，為了營造和諧的團隊氛圍，還是克服一些自己過度的表現欲吧。

適當磨光頭上的角

《道德經》曰：「和光同塵，毫無圭角。」其實，成大事業者無不是藏鋒露拙、虛心好學的人。好像他們都是訥言，其實他們頗有善辯者；好像他們都胸無大志，其實個個都是雄才大略。因為他們意識到自身有很大的不足，會以謙虛低調的心態去面對每一件事情、每一個人。因此，那些表現慾望過度強烈的人或者鋒芒過於外露者要有意識地把自己頭上的角磨得沒有稜角一些。

孔子年輕的時候，曾經拜老子為師請教學問。在談到怎樣為人處世時，老子說過一句話：「良賈深藏若虛，君子盛德，容貌若愚。」這句話的意思是：善於做生意的人，總是把珍貴的寶貨隱藏起來，不讓人輕易看到；有修養、品德高尚的人，往往表面上顯得很愚笨。在言語上露鋒芒、在行動上露鋒芒。這就是大智若愚、低調處世的藝術。低調就是適當磨去自己的鋒芒，保護自己不讓自己受到傷害。因為對於一個本來就出眾的人來說，即使並不自滿，他的才華橫溢使周圍的人相形見絀，也容易受到別人的攻擊。所以，你越能幹，就越應慎重、低調一些。當然，這種掩蓋表現欲也是為了讓自己積蓄力量、潛行於世。他們懂得先營造和諧的團隊關係，之後在不顯山不露水中抓住機會成就事業。這個道理就連動物都懂得。

在南亞地區，一個大象部落，因為森林環境日益面臨的危機中被迫向北遷徙，最後選定了東亞的一片叢林為落腳點。

在駐紮下來的第二天，大象首領就頒布了三項規定：第一，所有大象，不得對其他動物說自己是陸地上最大的動物；第二，所有大象，都不能趾高氣揚，更不得欺侮其他動物；第三，所有大象外出時，都必須用樹枝掩蓋全身，只露出頭部，以使自己顯得盡可能小。

如果說前兩條大象們可以遵守的話，第三條讓牠們感到簡直莫名其妙。都什麼年代了，何必像原始人一樣樹枝樹葉遮身？於是第三條規定一出，大象部落裡一片譁然，很多大象都表示不能接受。「我們本來是最強大的，為什麼不可以光明正大地行走呢？執行這樣的規定，簡直有失我們大象的身分！」

就在大象們七嘴八舌地議論紛紛時，大象首領站出來說話了：「在這片叢林裡，一直生活著兔子、狐狸、松鼠等小動物。我們龐大的身軀出現

在這裡，無疑會顯得牠們更渺小了。會讓所有的小動物感到不安，一定會本能地防備我們。那樣的話，我們不僅交不到一個朋友，甚至會失去立足之地。因此，要對所有小動物都充滿友愛，逐步將牠們團結在我們的周圍，而不能讓牠們結盟來對付我們。」

眾大象聽了這一番話，才明白了原由。

由此可見，學會磨光頭上的角、甘於低調並不是讓人油滑做人，而是先保護自己免受傷害、潤滑團隊關係的一種做人藝術。因為你的能力遲早會得到大家的認同。如果大家都認同了你的能力還要趾高氣揚地四處表現，難免遭到平庸人的忌恨。因此，能妥善掌握低調，不僅可以保護自己，也可以脫穎而出。

總之，磨光頭上的角、甘於低調是一種境界和心胸的展現，也是一種積極的力量。這種人，在團隊中，把發光的舞臺讓給主管和同事，也這樣的人即便是面對被自己打敗的競爭對手時也不會趾高氣揚。這樣做有利於維護團隊大度友好的形象。這樣的員工當然是主管們所欣賞的。

工作到位不越位

有些能力突出的員工，為了讓公司看到自己的能力，在工作中搶工作。不僅搶同事的，還搶主管的。如果是初來乍到，偶爾這樣表現一次、先進一次倒也無傷大雅，但如果總是這樣不甘落後，同事和主管都會心中犯疑。很明顯，你把別人比下去了。特別是主管，就會強烈地產生「越位恐懼」。這時，你表現得越突出！對你就越危險。他們會想：你這樣做的目的是什麼？

曾有演說家談到這麼一件事情：

當他在某大公司任擔任主管時，一次，在查帳時發現，有一個 10,050

元的帳單，是店長簽的字。於是，他把店長叫過來，問他怎麼回事。因為，店長的簽字權限是不超過 10,000 元的。

當店長到來明白了事情的原因後，解釋說：我認為 10,000 元和 10,050 元差不多，所以就簽了。

可是，在他看來，現在雖然是只差 50 元，但是一旦養成這個習慣，以後差五百五千也會覺得差不多。因此，他把店長原來的簽字權限收了回來。

這個店長就是明顯地越位了，雖然只是越了 50 元的位。但就是這 50 元也是權利等級的象徵，並不是每個人都可以隨便大筆一揮的。在主管們看來，下屬這樣擅自越權好像沒有把自己放在眼裡一樣，在一定程度上就是觸犯了自己的地位及權限，同時也破壞了公司的管理規定，因此是絕對不會允許的。有些主管也許念你是初犯，第一次主可能不說你，但是，此後他就不會再信任你了。因此，做下屬的一定不能越權，哪怕一點點。對於那些該自己做的工作，必須做好；不該自己管的，碰都不要碰。否則，小心吃不了兜著走。

小林是個外形和才華都較為出眾的女子，精通外語。工作一年多，主管對她賞識有加，同事對她佩服萬分，要是有大型談判，主管總會帶著她出席。而她也非常露臉，為公司贏得了不少大訂單。

就這樣，小林在公司的地位越來越穩固。可是，過後不久，小林因為一次不起眼的小事，被主管調到了一個包裝部門，再也沒有擔當洽談重任的機會了。

小林的失敗之處，就在於犯了一個重大的職場忌諱，喧賓奪主。一次，在與某國家談判出口自行車生意時，主管臨時家中有事需要先去應付，小林就擅自做主了。她倚仗自己與該自行車公司的老闆關係熟，自己

的主管又對自己放心，一下子就簽了 5,000 輛嬰兒推車。可是，當時，鋼材價格高。廠商因為利潤太低，遲遲不肯發貨。外貿公司的聲譽也受到了影響。主管也陷入十分尷尬的境地。

有些人也許沒有像小林這樣犯如此大的錯誤，可是在一些應酬交際場合，如果總是和主管搶鏡頭，把本來該成為主角的主管晾在一切，也是一種越位的表現。這種越位總給主管一種「狼來了」的危險感覺。這種「狼性」的下屬，是主管最注意防範的，一旦發現了，大部分主管都會毫不猶豫地「處理」掉。因此，那些有意無意的越位者應時刻銘記做好的工作，而不是越位的事情。主管授權你的事情，當然要做好；沒有授權但是需要做的，要及時向上級匯報。如果事前不能及時詳細地反映，事中也要及時匯報。要不然，先斬後奏，你認為是爭取效率，主管會認為你目中無人，不要讓主管誤解你是「狼性」員工。

漢朝的丞相蕭何之所以能夠在劉邦大開殺戒時全身而退，就是因為他懂得在「到位」與「越位」之間的劃清界線，知道什麼事可為，什麼可不可為。

比如：按照當時的禮儀，群臣上朝時必須脫下鞋子，解去佩劍，但是蕭何因為功勞顯著，獨享劉邦的超級優待，不用遵守這些規定。但是，蕭何並沒有忘乎所以，而是依按照君臣禮儀做事。僅這一點，就讓劉邦感到很放心。再加上蕭何低調沉穩，無論什麼事，他總要等到劉邦同意了再去做：雖然效率會低一些，卻增加了保障。因此，劉邦即使想除掉他，也找不到藉口。

試想，做下屬的，才華能比上蕭何者，能有幾人？蕭何尚且懂得處處不越位，其他人更應該如此了。如果你能做到像蕭何這樣聰明而內斂，主管自然就不會刁難你。

　　當然，不越位並非意味著事無巨細都要先請示再做。萬事萬物都是靈活的，不能太拘泥死板。如果看著主管失誤或者發生錯誤時也作壁上觀，不越位就是失職。再者，在自己職責範圍內的事情自己完全可以有權利決定，就沒有必要麻煩主管。至於平時就膽小謹慎者沒有這個擔心的必要。

　　總之，不越位既是公司紀律的要求，也是對做下屬的人品道德的考驗。經受了這些考驗，就是合格的下屬，也是日後做好主管的前提條件。

筷子夾湯匙喝湯，各得其所

　　大凡那些總想越位和搶主管風頭的員工們是因為心理有一種不平衡感。在他們看來，無限風光都是主管的，一般員工實在沒有什麼可以吸引人們注意的，因此難免要在主管面前表現一番。沒想到，有時表現過度，就像那隻搶了吳王帽子的猴子那樣，吳王一怒之下會拿這隻猴子開刀。開刀後，猴子還要被吳王教訓一番。對眾人說：「你們看到了什麼，這個動物賣弄技巧，牠仗著自己的技藝，以為沒有人能碰牠。是這樣嗎？」因此，做下屬的，在你與主管人打交道時，千萬不要依仗自己的小聰明。

　　其實，「筷子夾湯匙喝湯」，員工和主管各負其責、各司其職，這是最明顯的道理。誰都有可能在自己的職位上發光發亮。如果你試圖把筷子嫁接到湯匙上，或者把湯匙嫁接在筷子上，看起來功能多了，有時並不能如願。

　　一位聰明的記者兒時曾經為自己特製了一雙筷子，那就是在每根筷子的前面加做了一個小湯匙形狀的東西，這樣就既可以夾菜又可以喝湯了。

　　結果卻是全家人吃飯時，當他要夾菜時，由於筷子前面有湯匙的弧度阻礙，夾起菜來不如一般筷子來得快。結果其他人三兩下就把一碗燉肉夾了個精光。接著上來一碗湯，大家改用湯匙來喝，他的湯匙由於比正常的

湯匙小，又沒有喝到多少就見了底。這下他才明白過來：原來筷子和湯匙各有分工，各有特長，不可代替啊！

這個可笑的故事蘊含著很淺顯的道理。凡事不可越俎代庖，放對自己的位置，做好自己的分內工作即可。否則，個人特長也不一定能發揮出來。

比如：你是個修理汽車的，看到廣告公關部十分輕鬆，不用風吹日晒，就想去應徵，你那雙敲鈑金的手肯定設計不出什麼新穎的創意。

可是，職場上有些人就是不明白這個道理，他們江山易改，本性難移。特別是那些在行業裡混了十幾年，經驗比較豐富，新來的主管又太懂經營管理時，便免不了要顯示一番自己的本領。但是，主管和員工的分工是不同的，職位要求也是不同的。主管要指揮千軍萬馬，而員工只負責某個具體的職位。如果職責不清，或者打腫臉充胖子，必然會製造內耗，降低工作效率。

不論是組織還是國家，上下級的職責和關係都是十分分明的。主管是負責總體企劃和指控的，下級是負責執行和落實的。上下級之間明確了一種職責和分工，不僅使組織系統的工作有整體的分工，而且也便於上下協調，集中統一，從而使整個組織和諧、有序地發展。

在組織結構設計和調整完成之後，規模較大的企業還需要認真、仔細地對部門的職責分工進行較為明確的描述。工作描述明確界定組織中的每一個人的工作範圍以及工作職責，為員工的工作提出了總體上的要求和期望。員工明白了自己職業生涯發展的方向，相信也就不會出現越俎代庖的現象。

此外，企業還需要對部門內部的職責分工以及職位設計情況進行分析和調整。因為萬事萬物都是在不斷變化的。隨著員工能力和企業規模的變

化，在這個職位的員工也許會被調到其他職位上去。員工可以從多方面得到鍛鍊，也就不會這山望著那山高了。

　　俗話說：「三百六十行，行行出狀元。」並非主管可以獨享風光，員工也可以透過自己的本職工作展現出獨特的風采。因此，自己是員工，就安心於把自己的工作做好。因為你的工作也是獨一無二的，不是其他人可以代替的。如此，主管和員工互相配合，團隊才能相得益彰，精彩紛呈。

第六章

提升智商，不做冤枉的替死鬼

　　智商就是智力商數。智力通常叫智慧，是人們認識客觀事物並運用知識解決實際問題的能力。包括觀察力、記憶力、想像力、分析判斷能力、思維能力、應變能力等。

　　職場上打拚，高智商固然重要，可是職場上的智商不單純指一個人的智力水準，還包括情緒智商及社會智商。我們常見到一些聰明人在職場上總是不被主管和同事看好，為什麼呢？也許就是因為他們忽略社會智商的提升。因為他們總是按照自己的習慣、性格做事，這樣縱使再聰明，也是很可悲的。因此，在社會智商方面有這些缺陷的人應該留意在這方面提升自己。

一定要管好自己的嘴巴

　　職場中，不論與同事相處還是與主管相處，都需要掌握好說話的分寸，語言就代表你內心的想法，在某種程度上也是你形象和品德的展現。如果不經過自己的大腦思考，口無遮攔、率性而為，很可能就會影響他人對自己的看法。

　　某設計院有一位年輕的副主任有一個幸福的家庭，很有發展前途的年輕人，主管也很賞識他。可是他竟為圖一時的快樂，幾乎半公開地與本公司一個女臨時工交往。

　　一位同事問他為什麼這樣做時，他振振有辭回答道：「人生不就是圖個快樂嗎？為什麼要放棄今天的快樂去空想什麼明天的前途？誰知道明天是什麼樣子？」可想而知，在這種情況下，主管對他怎麼看？怎會重用他？

　　這樣的人對自己的生活作風都不慎重，對工作也不會太認真負責，會讓主管留下不穩重的印象。可想而知，沒有任何主管會提拔重用這種人。

　　另外，有一種人管不住自己嘴巴的表現就是太好事，對別人的事情過於熱心，不論好事壞事、聽到的看到的馬上就要及時發布出去，而且不管

他人是否願意聽都熱心向他人免費傳播。這種「大喇叭」縱使能力再強也不是主管們所欣賞的。

　　一位知名大學畢業的女生，工作能力很強、工作態度也很積極，公司曾考慮將她提拔為部門主管。然而，公司高層經過詢問其他同事，得知她有個嗜好，總是喜歡做「義務新聞發言人」。同事間誰有個什麼事，只要她知道了，用不上幾分鐘，很快就會得以傳播。而她從來不想一下這樣做的後果。因此，透過她的傳播，這些人感到很沒面子。因為誰都不願意自己的「祕密」外揚。而且，涉及到同事之間、同事和主管之間，甚至同事和家人之間的一些事情，她也自告奮勇地大喇叭一樣去廣播，結果莫名其妙地都多了一些糾紛。但是，她卻不在意和留心同事們的白眼，反而當作與他人溝通的方式。

　　當公司的高層獲悉她有這個習慣時，覺得她為人處世太不穩重了。最後，公司放棄了對她的提拔。儘管以後的日子裡，她仍舊堅持不懈地創造著令人矚目的業績，但是，永遠也沒有晉升的機會了。

　　要管好自己的嘴巴，可以從以下幾方面做起：

▌不要和同事言無不盡

　　有許多愛說話性子直的人，不論喜怒哀樂都喜歡向同事傾訴。在辦公室裡，在同一個部門中，同事每天見面的時間最長，談話可能涉及工作以外的各種事情。儘管這樣的交談富有人情味，但研究調查指出，只有不到1% 的人能夠嚴守祕密。職場如戰場。涉及工作上的資訊，譬如即將爭取到一位重要的客戶，老闆暗地裡給你發了獎金等，你拿出來向別人炫耀也許會招致嫉妒。甚至說不定有人會刁難你。至於，主管也會認為你做事缺乏頭腦。所以，不要把同事的「友善」和「友誼」混為一談。

▋ 不在公共場合發表有關公司的閒言

如果你在公司中擔任比較重要的職務，一定記住不要在公共場合發表有關公司政策、制度等方面的閒言，那樣等於是洩密。主管得知一定會認為你不可靠從而會把你調離工作職位。

▋ 不傳播同事之間的閒言

有些人總愛把同事的一些隱私之類祕密傳播。雖然他們並非惡意，可能只是覺得好玩而已。而實際上，你已經在搬起石頭準備砸自己的腳了。因為當你在散布同事流言的同時，也給自己製造了「不被信任」的危機。當別的同事在聽到你散播某個同事的流言時，他們也會遠離你，擔心有一天他們會成為你傳播的對象。

而且，一旦你被同事認為是不值得信任的人，公司也會毫不留情地把你「處決掉」。因為你的「種種事蹟」會透過潛伏在辦公室裡的人傳播到公司主管那裡。

▋ 主管的事情不向外人道

對於下屬特別是那些跟主管交往比較多、在主管身邊工作的人來說，需要牢記這樣一條基本原則：事關主管的一些事情，不論是工作的事情還是生活中的事情都不能被外人知道。雖然這些事本身不是什麼祕密，但如果說出去，很多人知道了，主管就會不高興。

雖然主管不會告訴你，哪些事情該說，哪些事情不該說。但是，下屬應該站在主管的角度去理解、體會和感受。不該說的不要說，不該聽的不要聽，不該問的不要問。

▎打太極

若發現有人別有用心，試探你對他人的喜惡程度，你可以模稜兩可地告訴他：「其實，我的看法對你並不重要，不是嗎？」這一招使出，他人必然自討無趣。自己也可以避開是非。

▎和諧解決矛盾

當然，管好自己的嘴巴並不是說要「事不關己高高掛起」，而是說要將就說話的藝術。既然在團隊中相處，相互之間就需要溝通，遇到矛盾時協調也是必不可少的。善做人者都是本著和諧的原則為他人解決矛盾，而不是傳播流言，使矛盾加深。

如果有兩個人成見很深發生了矛盾，需要你做評判，不要發揮自己的說話才華，而要請對方平心靜氣地把事情的始末講述一遍，自己不能妄加批評，非要弄個東家長西家短，也不要在一些細節問題上去證明誰說得對。即便你心中有數，也不要公開說誰是誰非，以免進一步影響兩人的感情和形象，要著重在淡化事情上下工夫。你不妨這麼說：「事情我已經清楚了，事情過去了就不要再提了，以後要不計前嫌，精誠合作。」你這麼一說，雙方有了臺階下，互相認個錯，也就一了百了。

管好自己的嘴巴並不僅僅是指，不該說的不要說，不該問的不要問，也要掌握說話的技巧和藝術，不要讓自己的嘴巴為他人製造矛盾，而要用自己的嘴巴潤滑上下級關係，營造和諧友愛的團隊氛圍。

任何時候都不要議論主管的是非

俗話說：有人的地方就有是非。公司是一個小社會，是各色人等聚集的地方，當然也免不了說是道非，這些是非不是來自員工就是來自主管。

作為員工來說，聚到一起時多半是議論主管的是非。因為員工都有一種普遍的認知：所有員工都是戰友，主管才是自己的對立面。有些人對主管不怎麼滿意，就會藉機在背後非議主管的錯誤和毛病、或傳播一些有關主管的道聽途說的小道消息……有些人認為既然自己的能力和薪水待遇比不上主管，那麼議論一下主管的是非也可以獲得心理平衡。當然，他們只是在背地裡議論或埋怨。

遇到這種情況時，假如你也有同樣的看法，要不要附和呢？要是不附和，可能會招致眾人圍攻，以為你和主管是同一戰線，說你膽小鬼，馬屁精等；要是附和了，萬一被主管知道，那也沒有好處。這時，你怎麼辦？

某學校新來一個校長，根據慣例，大家喜歡議論紛紛，都想從別人口中得知一點關於新校長的情況。一個據說對新校長比較了解的老教師對別人說：「你們要小心啊，新校長不好對付啊，大家要小心啊。」

結果，第二天，新校長舉行和大家的見面後，例行公事後，便指桑罵槐地指明：「有的老師私下裡說我不好對付，不知這位老師是什麼意思！我剛來就對我說三道四，是想拆我的臺啊！」結果，沒多久，那個老師就提前退休了。可憐這位老教師落了個兩面不是人的結局。

俗話說：「世上沒有不透風的牆。」今天你對著同事說主管的壞話，可是，馬上就會有人把你的話傳到主管的耳朵裡。如果你以為大家是你的死黨們，那你就錯了。到那時，自己還在做冷板凳，甚至被掃地出門時，你再後悔自己嘴賤也沒有用了。因此，任何時候都不要議論主管的是非。即便是他人議論也要遠離他們。

▌遠離是非之人

其實，從精神分析理論來看，亂嚼舌根也是一種對他人的隱性攻擊行為。那些專門揭他人之短、傳他人之私的是非者而言，搬弄是非往往是他們心存隱疾的表現。心理學研究表明，人們最喜歡看到那些比自己強的人倒楣，因此，員工對主管的捕風捉影的花邊新聞總在長盛不衰。而且聽壞話也是間接滿足攻擊性的一種方式。明白這一點，就要遠離這些是非之人，因為他們的心理是不健康的。

俗話說：來說是非者，必是是非人。往往，那些嚼舌者會有意無意地披上冠冕堂皇的外衣，比如：「給你提個醒，某某主管近來對你有意見。我看不慣他所以才告訴你」等。你以為他是關心你，其實也許是挑撥你和主管的關係。你不妨想一下，主管如果對你有意見，用得上透過他去傳播嗎？再者，即便主管確實對你有意見，沒有等主管告訴你，他們先給你通風報信，組織紀律性何在？

雖然這些人現在在你面前對主管評頭論足、說三道四。可是，他轉過身去又會對主管或者其他人說起你的是非，會弄得你非常難堪。

▌顧左右而言他

再者，儘管每個主管都有不盡人意之處，但是由於每個員工的利益取向不一致，他們對主管的期望和要求也不一致，如果是背地的議論，肯定帶有個人的利益取向。即便是主管同一行為和舉動，這個人贊同也許另一個人就反對。因此，在這樣的情況先，你最好不要去附和。如果他非找到你說這些話，也可以扯開話題，或乾脆來一個顧左右而言他。

▌反思自己

有句老話，叫「靜坐常思自己過，閒談莫論他人非」，這反映了明哲

保身的處世之道。閒談莫論他人非，在我們工作中顯得尤為重要。因此，如果有時間，還是反思一下自己吧，看看自己各方面是否做好了。如果自己還沒有做好，有何理由去議論他人？

▌辦公場合說公事

我們知道，說話要分場合，既然職場是工作的場所，就要公私分明，在辦公室裡最好說公事，不要攙和私事。如果是對主管有意見或者不滿可以透過正當途徑發洩，沒必要私下對他人發洩。如果別人對這些感興趣對你可能會更糟。一旦他人把你的言語扭曲，你就成了被他人利用和主管作對的工具。因此，公共場合千萬不要議論主管的是非。

▌要想人不知，除非己莫為

有些人常常心存僥倖，並天真地認為，自己只是在比較隱祕的私人場所對著三兩個知心朋友在議論主管的是非，這些是非之詞永遠不會被當事人得知。事實上呢？

小蘇下班跟老同學聚會，同學都是公司以外的人，自以為說說公司的事情無所謂，就在。卻不知隔桌的客人中，有一位恰好是主管的親戚，暗中記下了小蘇，事後沒話找話告訴了小蘇的主管。結果拿主管說事，莫名其妙地就得罪了頂頭大爺。

古人說：「隔牆有耳。」這句話一點不假。背後言人是非，很少不招致怨恨和報復的。對別人的評價就像放出去的家鴿一樣，總有一天會飛回來的。當主管得知某些員工在背後批評、指責他時，心裡會痛苦、難過和悲傷，並且會本能地為自己辯護，從而會埋下一顆仇恨的種子。因此，「要想人不知，除非己莫為」，不要將「是非之鴿」放出去！

當然，以下情況可以例外。如果某位主管確實民憤極大，在大家議論

時你也可以隨便說兩句話，否則就會給人以誤會。但也要公平和適度，不能亂扯一些題外話。

總之，主管就是公司的形象，儘管公司不會當面制止你的言論自由之上，但是公司也絕不會放任有人對主管說三道四。因為公司擔心你的閒言會帶來負面和消極的情緒，讓主管威信掃地，讓原本積極樂觀的團隊變成一片散沙的組織，所以作為職員的你，必須要清楚地認識到這一點，只要你發表關於主管的負面言詞，公司最終會將你掃地出門。

追隨主管也不要太親密

有些員工對於主管，特別是自己的主管，可以說是形影不離，步步緊跟左右。殊不知，有些主管並不希望跟下屬的關係過於密切，他們一是顧忌別人的議論和看法，二是考慮他在你心目中的威信受影響，三是從保密的角度來考慮。

如果你把主管的工作方法、工作措施和手段都了解得一清二楚，你會認為主管也沒什麼大不了，因此而把主管不放在眼裡。如果一不小心洩漏出去，就可能讓主管的工作處於被動局面。如果你和主管太親密，對他們祖宗八輩的事情都了解的很清楚，對誰都要訴說一番，很可能就是揭了主管的老底，冒犯了他們，那樣下場可就慘了。這一點歷史上早有教訓值得汲取。

陳勝和吳廣起義後，占陳縣為王，風光了好幾個月。而且還打出了「苟富貴，勿相忘」的招牌。在這個口號的誘惑下，早先和陳勝一起種田的一個同鄉聽說後特意從老家來找陳勝。可是，敲了半天門也沒人理會。後來，這個人看到陳勝外出就攔路直呼其小名，才被召見。於是和陳勝一起乘車回宮。

從此，這位農夫也翻身了，和陳勝一起同吃同住。當然，他也依仗自己和陳勝是親密朋友，不但進進出出皇宮很隨便，也不免講一些陳勝在家鄉的舊事。不但把陳勝兒時的小名提出來，而且還經常講一些和「大王」小時候玩的事情。言語中的隨便不時流露出來。不久，有人對陳勝說：「客愚無知，顓（音專）妄言，輕威。」意思是說，你這位老鄉胡說八道，很不尊重你。

此時，陳勝正在得意之時，聽到有人竟敢不尊敬他，自尊心如何受得了，於是十分羞惱，竟然把「妄言」的夥伴殺了。

由此可見，伴君如伴虎絕對不是戲言。因為沒有一個主管願意讓下屬和自己平起平坐，更不用說將自己的家底向他人抖出。可是，陳勝的老鄉不明白這一點，反而還大張旗鼓地宣傳，陳勝的面子要往哪裡擺？所以，當你有意無意地知道主管的家底時，你不要以為這是好事，即便他當時樂意讓你知道！

雖然現在不是封建時代，但是在對待主管的態度上，和主管交往的距離上還是應該保持應有的尺度。無論到什麼時候，主管就是主管，你必須保持敬畏和恭維，保持幾分仰視的姿態。這樣一來可以維護他的權威和虛榮心，二來讓你的同事抓不到把柄，無話可說。因此，和主管保持一定的距離，需要注意以下幾方面：

- **保持工作上的溝通，少了解生活問題**：首先，保持工作上的溝通、資訊上的溝通、一定感情上的溝通。但千萬注意不要窺視主管的家庭祕密、個人隱私，對他們個人生活中的某些習慣和特色則不必過多了解。
- **不要當主管的「顯微鏡」**：和主管保持一定的距離，還應注意，了解主管的主要意圖和主張，但不要事無巨細，了解他每一個行動步驟和方法措施的意圖是什麼。這樣做會使他感到，你的眼睛太亮了，什麼

事都瞞不過你。這樣他工作起來就會覺得很不方便。因此，在有些事情上你只應得知其然而不知其所以然。

- **不做主管的密友**：和主管保持一定的距離，還有一點需要注意，就是要注意不做他們的密友。

  上下級間的確可建立友誼，但友誼過頭，可能會扭曲上下級關係。你應明白，過多地與主管周旋可能得到主管「密友」或「寵兒」的名聲。那樣，會讓同事小看你的能力，以為你是是靠拍馬屁生存。或者認為你是主管的心腹，是安插在他們之中的探子。於是，同事們就會結成同盟，聯合起來「對付」你。因此，如無必要，盡量少單獨在一起，比如吃飯、一起上下班或去休閒等。另外，也要與少與主管開玩笑，太頻繁就會讓別人以為你們具有親密關係。

- **不要當主管的「保姆」**：有些人總想無限制地為主管的日常生活服務。比如：不斷地為主管端菜倒水，替主管清理辦公桌等。主管也許會對這種人表示好感。但是在主管心中，你的形象不知不覺地被定格為保姆，這樣的永遠只適合做下屬。

- **不要讓老闆誤以為拉幫結派**：如果你和你部門的員工和自己的主管過於親密，在其他主管或者老闆看來就不舒服了。在他們的眼中，你們似乎形成了一個小幫派。老闆不喜歡那些搞小幫派的人。如果你與自己的主管走得太近，很可能就會受到牽連。老闆會擔心你們聯合起來對付他，影響公司團結。再說，他會認為小幫派裡的員工公私難分，部門經理可能會因為私下的關係親密而偏愛或放縱下屬。這樣，對公司的發展不利，對其他員工也不公平。

- **與互相有矛盾的主管「等距外交」**：主管之間在工作上出現這樣或那樣的矛盾和衝突，這也不足為奇，但做下屬的可就犯難了。有時你想

和這位主管親密一點，又怕惹惱了另一位主管；你要與另一位主管接觸多一點，又怕得罪這一位。總之，這種狀況使得下屬左右為難。在這種情況下，要保持中立的態度，「等距外交」，與所有的主管大致保持等距，大都處於關係的均衡狀態。

▪ **做主管事業上的朋友**：但是，在現實的工作中，想要完全採取純粹中立的工作方式往往是比較困難的。因此，為了工作，應該多與誰接觸，就與誰接觸。這樣，你的所作所為便顯得自然大方。做主管事業上的朋友，這是他們永遠需要的，也是老闆最希望的。

總之，與主管的親密關係不一定會成為自己的保護傘，相反會帶來負面影響。任何試圖把自己的地位建立在與主管保持親密關係上的人，就像要在沙灘上蓋一座扎實的房子一樣是痴心妄想。因此，下屬應該與主管保持一個能產生「美」的距離，既讓他們有安全感，也讓同事無法挖你的牆角。

小心對待和老闆沾親帶故的人

不論在任何公司，總有一些和老闆有一定的血緣關係的員工。在某些老闆看來，這樣有利於在公司中營造家庭式的工作氣氛。但是，也會給員工帶來一些麻煩，他們不得不面對這些「皇親國戚」。

如果這些員工都遵紀守法、忠誠敬業倒也無可非議，可是，大多數情況下，他們是有一種優越感的，甚至有些人會企圖利用自己的這一「特殊背景」為自己謀取福利。比如：在企業中，那些和老闆沾親帶故的人往往佔據著重要地位，享受著比一般員工更優越的待遇。有些人的做法更過度，他們認為企業是老闆的，占便宜是應該的。這在正直的員工看來，無法容忍，忍不住向老闆提建議。而老闆礙於面子不好出面就會讓這些下屬

來主持公道。此時，如果你認為自己得到了尚方寶劍，大刀闊斧地向這些老闆的親人開刀，最後往往自己落了個裡外不是人的局面。這樣的教訓在歷史上不乏其人。

在東漢時，晁錯曾向漢景帝提出「削藩」的主張，將被封為王的劉氏宗族手中所拿握的權力和土地加以削奪，收歸中央朝廷所有。因為他們權力惡性膨脹，已威脅到國家的統一和鞏固。

就在晁錯準備大張旗鼓地對劉氏宗族進行討伐時，他的父親從老家趕來對他說：「萬萬使不得。你剝奪王侯們的利益等於離間人家皇族的骨肉，何必要做這種事呢？」可是，晁錯認為自己不這樣做「天子的地位就不夠尊榮，劉氏的江山就不能夠安定！」

父親看到無法說服晁錯，氣憤地說：「你這樣做，劉家有江山安定了，我們晁家可就危險了，我可不忍心見到災禍臨頭！」說罷竟服毒而死。

即便父親因為而自殺，晁錯也沒有醒悟依舊進行「削藩」的行動。結果，那些早有反心的王侯們便以「清君側、誅晁錯」為藉口，在吳王劉濞的聯絡之下，造起反來。

這下，漢景帝亂了陣腳。此時，一位與晁錯有仇的大臣便出主意說，諸侯造反是針對晁錯而來，只要殺掉晁錯就可以平息叛亂。可憐晁錯還以為皇帝讓他上朝商議大事，穿著朝服就被拉向了法場。

晁錯的悲劇說明，即便下屬確實是為了老闆著想，但是，在老闆看來依舊是「血濃於水」。一旦他的親戚們聯合起來對付他、要挾他時，會毫不猶豫地把下屬拋出。理由是下屬居心不良，挑撥他們的親情關係。到那時下屬有嘴也說不清啊！

雖然在現代企業中老闆忠心耿耿的員工不會落到像晁錯那樣悲慘的境地，但是，這個教訓也足以說明，處理好自己和老闆的皇親國戚們的關係

至關重要。因為這些「皇親國戚」們與老闆的關係不一般，他們在老闆面前隨意說出的一句話都會對老闆產生影響力，都有可能成全你或者毀掉你。因此，聰明的下屬在遇到這種情況時要學會保護自己，把自己的風險降到最低。

當然，這並不是說當員工看到那些皇親國戚危害企業利益時也明哲保身，不理不問。遇到這種事情可以想辦法透過老闆來遏止他們，老闆出面會採取恩威並施的方式，恩威並濟。這一點，尤其中層幹部需要注意，以免落個像晁錯那樣的悲劇。

對於一般員工來說，如果得知有人和老闆沾親帶故，不要存有成見而怠慢他們，要和他們建立和諧的關係。如果是一位新來的員工，要盡自己的可能熱心地幫助他們。如果如果下屬能幫助老闆處理好這些關係，也是幫助老闆解決一些難題。

蕾蕾在一家企業辦公室，一天，老闆娘帶著一個小女孩來到公司，說請大家多多關照。可是，其他人當著老闆娘的面很熱情，等老闆娘一走態度馬上冷淡下來。可是，蕾蕾沒有這樣，她向小女孩介紹了辦公室的工作流程，並且親自教會這個小女孩用各種辦公設備，以及接聽電話的技巧等。由於蕾蕾的引導和細心解說，小女孩漸漸地進入了工作狀態，業務也熟悉起來了。

一天，老闆來到辦公室，發現小女孩很快能夠獨當一面了，非常滿意。一個星期天，老闆娘邀請蕾蕾到她家作客，向蕾蕾表達了老闆對她的謝意。後來隨著公司規模的擴大，蕾蕾的職位也越來越高。不但贏得了好人緣，為事業上的進一步發展也打下了基礎。

雖然，老闆的親戚們無法決定你的升遷，但是他們在某種程度上可以造成助推器的作用。因此，千萬不要小看這些「皇親國戚們」，因為你對

他們的態度也就是對老闆的態度。如果此時，員工認為不是自己分內的工作，不主動幫助，那麼，老闆會覺得你對他不尊重。相反，如果你對老闆的親戚們熱情照顧，既會有利於你拓展人脈，有利於你贏得事業上的成功。

當然，這些關照不僅僅侷限在工作中，在生活中也同樣可以表現。比如：有的公司經常會群體的出遊和聚會，在這種場合，有時老闆會帶家屬一起參加。如果你在聚會和旅途中適時地照顧家屬，也是贏得老闆賞識的一個好方法。

但是，千萬不要認為對老闆親戚的照顧就是拍馬屁，其實這也是為主管分憂的一部分。當然，不能是無原則地一律熱情。如果那些皇親國戚們依仗自己和老闆的血緣關係要損害老闆和企業的利益，就不能幫助他們，要想辦法制止他們。

總之，公司就像一個大家庭，即便是那些皇親國戚們大多也是為了幫助老闆，使得公司發展。因此，一個聰明的員工，掌握好與老闆的親戚們相處的藝術，不但能贏得老闆對自己的好感，也能平衡和同事的關係，在團隊中也會留下熱心助人的好印象，自己也能得到他人更多的幫助。

千萬不能忽略主管身邊的紅人

無論在什麼公司，每個主管都會有一個或幾個與自己關係非常密切的紅人。這些人或者是他的同學，或者是他的故交，或者就是和他愛好情趣相投。雖然這些人在公司不一定有多高的地位，也不一定掌握多少大權，但是會對主管的決策及對某些問題的看法產生重要的影響。如果你不了解這一點，在和他們的相處中有意無意地得罪了這類人，說不定那一天，厄運就會落到你的頭上了。

我們知道，三國時曹丕和曹植爭奪太子的寶座時，曹丕並不占據優勢地位。論文才，曹丕不如曹植；而曹操又是個看重文才的人。可是，最後曹丕卻勝出，為什麼？因為曹植高傲，依仗父親的器重看不上父親身邊那些老朽們。可是，曹丕自知不如曹植，便尊敬父親身邊所有的人，結果得到而來他們的幫助，順利地走上了從政之路。

這個故事說明，要把主管身邊那些心腹放在心上，雖然他們看起來似乎和你沒什麼直接關係，但是主管身邊的「紅人」往往有著極其重要的作用。他們會在主管身邊或者在大眾中發布對你有利或者有害的言論，無意中影響你的形象。如果忽視他們的存在，就等於和自己的前途過不去。所以說，無論怎樣，一定不要得罪主管身邊的紅人，要爭取和他友好相處；即使不能的話，也不要和他們發生正面衝突。

在發展市場經濟的時代，主管的紅人不一定都在企業內部，也可以擴展到外部的經銷商、供應商等一切合作夥伴身上。因為這些人和企業的命運息息相關。如果你忽視了他們的影響力，不小心得罪了他們，他們在主管面前也不會說你的好話。

小鵬和小濤是同時進入銷售部的，很快，曾就成了經理的左膀右臂。只是小鵬比較有個性，很少和下屬稱兄道弟，更不用說和企業外部的合作夥伴。小濤則非常隨和，不但和其他部門的頭頭也混得熟絡，而且和經銷商也打得火熱。

一次，兩人去出差向一位重要的經銷商討要貨款，經銷商不說付款卻輪流敬酒。小鵬酒量不行，又看不慣這些，中途退場了。小濤卻不說還款的事，和經銷商杯盞交錯，應付自如。經銷商對小濤頗有好感，卻認為小鵬不夠意思。

「小鵬，你不錯啊，兩不耽誤！」一次，同事隨口說的一句話讓小鵬

大惑不解。小鵬哪裡知道，原來，一位和經理比較熟的經銷商向經理透露說，小鵬也許在外地經銷商那裡有股份，所以提前退場了。

小鵬沒想到自己無意中得罪了主管的紅人，此時，面對「紅人」的「報復」和同事的懷疑，小鵬不知道該怎麼辦？

經銷商的一句話為什麼也能成為小鵬的致命傷呢？因為無論哪種類型的主管，都是有個性、有偏好、有血有肉的個人。他們除了需要工作得力的助手之外，也需要有體貼的、關心自己的下屬或者同儕在自己的身邊，因為他們可以給予主管一般下屬給予不了的心理安慰和個人的自由空間。特別是在銷售部門，主管最擔心的就是銷售員吃裡扒外。而這一切從內部員工中很難得到證實，從經銷商或者供應商那裡有時反而可以得到一些資訊。因此，主管對這些外部紅人的資訊特別看重，甚至有些糊塗的主管寧可信其有不信其無。因此，意識到這些紅人的重要性，就要小心一些，千萬不要得罪他們。

那麼，應該怎樣和這些紅人們相處呢？

- **詳細了解對方的目的**：如果你是這些紅人的主管，在與這些紅人正式上任之前，你有必要與他進行一次較深入的談話。這次談話的主要目的是要對他有一個深入的了解，包括他的個性、他的特長、他的缺點等等。另外，藉這個機會試探一下他的口氣，他是以此為榮還是無所謂；他是否願意讓周圍的人知道他的這種身分；是否暗示你給予他一些特殊的照顧。明確了這些資訊之後才能決定在今後工作中你對待他的態度和方法。

- **引導得當**：一般來說，有「高層背景」的紅人往往有很強的自信心，因此，如果他們和你一起配合工作時，要讓他們的自信更多地表現在工作中。可以用激將法鼓勵他們：比如：「某某經理早就名聲在外了，

你身為他的好朋友，一定不會令他失望，也一定不會給他丟臉。」

- **表揚和批評都要適度**：過多讚美人們會以為你是拍主管的馬屁，過多批評主管會認為你打狗不看主人。因此，讚美和批評都要適度。平時對他們若即若離也許是你對待他們的最好辦法，

- **讓他們自動解除頭頂上的光環**：另外，如果那些紅人們經常透露老闆的私密，例如：直呼高層領導者的名字，或談及自己與他們在一起進行的社交活動。毫無疑問，這些員工透過談論這種故事是想引起同事的注意，或者想用他與高層領導者之間的親密關係來警告自己的主管對我好點，不然我要到我的上層朋友那裡去告你的狀。

  此時，作為一般員工或者一名中層主管，你絕不能向這種恐嚇低頭，否則將會給整個部門的士氣帶來災難性的打擊。首先，你應該找他私下談一談，勸告他在與別人談論自己與高層領導者的關係時要謹慎小心，並且講究方法和分寸，讓他自動解除頂在自己頭上的光環走到員工中間來，而不是受他的擺布。

- **利用主管制約他們**：如果那些紅人工作時拖拖沓沓；對其他員工指東指西；不聽從主管的指揮，且只對主管的安排盡心盡力。那麼，就建議主管調他做貼身祕書，或者讓他獨立出去，做一些與個人績效密切相關的工作。

  總之，一定不要給他施展權術的機會。另外，要制約這些紅人，就需要借助老闆的威力，讓他們明白天外有天，也會有所顧忌。

- **可以學習一下「紅人」的長處**：雖然作為知識經濟時代的知識員工，完全可以依靠自身的智力資本工作，但是，你可以換個角度想一下，既然主管器重他們，肯定意味著他們對主管、對公司有比其他人更高的價值，他們身上一定有值得你學習的東西。如果抱著欣賞、學習的

態度和他們交往，不就談不上得罪他們了嗎？

最重要的是，不論那些「紅人」是憑藉何種本領贏得主管的青睞，你都沒必要眼紅，要努力提升自己的能力。如果對工作有利，也不妨學習一下他們和主管的交流方法和相處技能，有一天，讓自己也成為主管的紅人。

做人不要太單純

不論在生活還是在工作中，有些人對誰都沒有防備之心。這樣就會讓別有用心的人利用，使自己處於被動的局面。同樣，主管也不喜歡做人太單純的下屬，如果讓他們從事機密工作或者客戶服務工作，不小心把企業的內部機密洩露給競爭對手，直接會給企業帶來損失。總之，太單純就是不成熟的表現，這樣的員工難以擔當重任。

一位年輕人和一個哥們私交甚好，常在一起喝酒聊天。一個週末，年輕人備了一些酒菜約了哥們在自己家喝酒。兩人酒越喝越多，話越說越多。酒已微醉的年輕人向哥們說了一件他對任何人也沒有說過的事。

「我大學畢業後沒有找到工作，有一段時間心情特別不好。一次和幾個哥們喝了些酒，回家時看見路邊停著一輛摩托車，一個朋友見四周無人撬開鎖，我就騎上去把車開走了。這都是混混們做的事，可是我這個高學歷的大學生也會做出來，想起來真後悔。不管怎麼說，事情都過去了。我再也不會這樣做了。只是感覺說出來心裡還舒坦一些。你我是好朋友，相信你也能原諒我一時的衝動。」朋友當時沒說什麼。

三年後，年輕人由於表現突出，村裡人一致推選他當村長候選人。鄉長尊重群眾的意見，很鄭重地找年輕人談了一次話。年輕人也表示一定加倍努力，不辜負鄉長的厚望。

沒過兩天，在當地進行公開的群眾選舉。但是，就在鄉長根據選票要提議讓年輕人當村長時，有人卻高喊道：他曾經是個小偷，我們不能讓這樣的人當村長。鄉長面臨這種突然的變故，無奈只得宣布調查清楚再說。

事後，落選的年輕人才了解到是自己的哥們從中搞鬼。原來，在候選人名單確定後，那個哥們便把他那天酒醉後說出的話透露出去了。不難想像，這樣的人品，群眾怎能放心？

雖然我們提倡簡單做人，不必精心處世，但這是對那些處處機關算盡、只用心處世不用心做事的人來說。如果你生性單純，如果再簡單處世，自己就很被動。因為人性是複雜的。工作和生活中，你不得不與形形色色的人打交道，在企業內部，看起來小小的辦公室有時就是一個大江湖。何況，商場如戰場，競爭對手時刻都會潛伏在員工周圍，想從員工身上打開缺口，得知一些企業的內部機密。因為員工一般頭腦簡單，不會對人設防。在這種情況下，員工如果用簡單思維，對誰都不設防，企業豈不是很容易就從內部攻破了嗎？因此，不論是對自身的成長來說還是從企業的發展來說，做人都不要太單純。

在工作中，要想改變自己過於單純的弱點，改變自己給主管留下的不成熟的印象，應該注意以下幾方面：

- **對同事不要太交心面**：在工作中，尤其要當心同事設下的陷阱。同事因為經常在一起，彼此都很了解，如果他們處心積慮想打擊你，會置你於死地。因此，與同事也不可隨便交心。這並不是說不能交心，而是說在交心時要小心。

  在現實中，正人君子有之，奸詐小人有之，如果對誰都掏心掏肺，無疑於把自己赤裸裸地暴露出來，讓人看清了你的缺點和缺陷。因此，要當心同事設下的陷阱。

- **少說多聽面**：一個毫無城府、喋喋不休的人，是不會受到人們歡迎的。因為你不尊重他們的時間和空間。因此，少說多聽，有助於你了解別人，得知那些人可以深交，那些人不宜深交。

- **遠離別有用心的人面**：俗話說：「一朝被蛇咬，十年怕草繩。」如果你曾經讓別有用心的人傷害過，就要遠離他們，以免自己再次吃苦。

- **說話小心些，為人謹慎些面**：我們知道，凡是主管身邊的司機、助理等都是說話做事謹慎的人。在我們看來，他們未免做人太累了。可是，主管喜歡用這樣的人。因此，對於太單純的人來說，說話小心些、為人謹慎些；多做少說可以給主管留下一個好印象，同時也可以使自己置身於進可攻、退可守的有利位置。

在企業中，員工不僅需要能力優秀，也需要掌握一定的人際社交的藝術。因為工作需要人配合，不論對內還是對外。因此，太單純的員工不論在言語還是在行為上都需要改變自己，凡事多長一個心眼；同時，也需要在工作和為人處世中歷練自己，不要被腳下的石頭第二次絆倒。如果你能在歷練中變得更加成熟和穩重，主管才會放心地重用你。

不當糊塗的替死鬼

在職場上，有些員工總是糊里糊塗地充當著「替死鬼」的角色。也許是因為他們太老實，也許是因為他們在和主管的相處中，這方面的智商太低。但是，有一點不容置疑的是，職場中有一條潛規則，在工作中，如果主管錯了，他們不可能認錯，那樣會在公司裡丟臉，而必須找一個替死鬼，以此而為自己開脫。因此，員工就成了莫名其妙的「替死鬼」。

小李在一家公司的辦公室工作。一次，他接到一家客戶的郵件之後，立即向銷售經理做了匯報。但是，生產經理卻很不滿意。因為客戶是對其

中一個零件的品質不滿意，這當然屬於生產部的事情。他認為銷售經理根本不懂得這些，小李是拍銷售經理的馬屁。

　　小李剛到公司，的確他認為只要是客戶的意見都應該給銷售部門。他沒有仔細看郵件的內容，再說公司也規定不讓他看郵件內容，只負責轉發。但是，他這些意見向誰去說。

　　不久之後，客戶又打來電話詢問零件事宜。小李這次吸取了教訓，轉給生產經理，並且報告了客戶的意見。沒想到，生產經理很不高興地說：「你又來插花！客戶意見反饋應該是銷售部的事情。總是這樣糊里糊塗的，也不知公司怎麼讓你這種人在辦公室。」

　　小李聽了委屈的眼淚只在眼眶裡轉。他一下子就懵了，不知道自己做錯了什麼。冷靜一想，生產經理是個權力慾很強的人，他本來就認為銷售經理搶了他的風頭，然而，他倆是老同學，又是關係密切的利益共同體，他們之間的矛盾不會讓它明顯或激化。要消除這場爭吵的陰影，小李自然成了兩頭不是人的替死鬼。

　　小李想到自己雖然新來乍到，可是在公司也是不辭勞苦地工作啊！甚至有時要忙到半夜，沒想到自己付出的努力和回報竟然是做夾心餅乾，做主管們勾心鬥角發洩私憤的工具，他很不服氣！可是，如果向銷售經理匯報，等於是挑撥是非，擴大矛盾，至於見到總經理更不可能。那麼，小李應該怎麼辦呢？

▌不要當面申辯

　　當主管誤解你或者對你有成見時千萬不要申辯，如果你當時申辯，強調「不是我的錯」、「我沒有責任」等，那你就大錯特錯了。因為這樣的話會直接刺激對方，使對方產生強烈的牴觸情緒。

　　其實，生產經理的發怒與其說是針對小李，還不如說是給全公司聽的，讓人們不要忽視他的地位。如果小李不明事理，反而據理力爭，這樣，很可能會認為是和主管對抗而被解僱。

　　因為，主管總是希望大事化小，小事化了。如果你不厭其煩地為自己申辯，會給主管造成種種過多的麻煩，反而會使主管討厭你，認為你斤斤計較。因此，明智的做法是不當面向那些對自己有成見的主管申辯。

▌求助於自己的主管

　　如果你感到自己太委屈了，可以求助於自己的主管，向他訴苦。

　　小李就採取了這樣的辦法，他很巧妙地在一次向辦公室主任匯報工作時以請教工作的方式無意中說出了自己工作的困惑。辦公室主任聽出了他的委屈後安慰他說，生產部經理的脾氣大家都清楚，其實他人還是很好的，不要跟他一般計較。年輕人嘛，要成長、要成就大業，吃苦受委屈都是一種鍛鍊，之後又給他提了一些業務處理方面的建議與技巧。

　　小李反思自己在這件事情上的過失後，改正了自己的工作方式。之後在一次公司聚餐時，辦公室主任要小李去給生產經理敬酒。於是他向生產部經理敬了酒。辦公室主任也在一旁附和著，說另了小李一些好話。於是，他們化解了矛盾。

▌注意申辯的態度

　　有些事情，你可能沒必要求助他人，自己可以擺平。那麼申辯的語言和態度如何也是十分重要的。除了考慮到當時主管的心情以及他們的性格特點與工作方式以外，重要的是，自己應該表現出一種非常豁達的態度，首先肯定對方也許是無意中錯怪了自己，這樣，便給對方一個很好的臺階。

▌用事實說話

　　如果確實是他人冤枉自己，在申辯過程中，最好是多用事實講話，以有力的事實證明你的能力和忠於職守，並揭露那些心術不正的人的種種詭計。

▌原則面前不讓步

　　有些員工在和主管的相處中，為了表示自己的忠心，凡是主管交代的都忠誠執行。可是，當主管損害了群體的利益，因為掩蓋錯誤有意要你做出犧牲時，這樣做就當了糊塗的替死鬼，其後果是不堪設想的。因此，在大是大非面前，絕不能當糊塗的替死鬼。

　　比如：主管因某種較大的經濟損失或觸犯法律的事情要你背黑鍋時，不管怎麼樣都應該據理為自己申辯。在這種情況下，如果你還要為他們掩飾，只能是害了自己。

　　儘管在某些特殊情況下，主管需要員工「捨小取大」。但是，替他們當替死鬼是要審時度勢的。首先你應考慮到自己當替死鬼會不會引發自己仕途上的長久損失；其次應考慮這種損失是否能夠承擔。如果這兩個問題你不能很好的回答，便不宜去冒險。特別是在大是大非面前更不要當糊塗的替死鬼。

第七章

提升情商，真心關懷主管

在職場上行走，有的人很容易得到主管、同事、下屬的認可和喜愛，有的人卻不論如何努力，也得不到大家的認可，這是為什麼？

其實，在職場上情商最高的人最容易得寵。如果說高智商是用來解決各種 case 的，還需要高情商，EQ 對於成功也很重要。

提升 EQ，包括做好人際關係。特別是和主管相處中，要做好和主管的人際關係，首先需要培養所謂的同理心 —— 感覺別人的感受；也應該培養同情心，給他們以人性的關愛。其次，還要具備管理主管情緒的能力指數。當主管在和你的相處中，或者透過你的情緒管理，主管感覺身心舒暢時，你也在造就著工作成就。

主管也需要人性的關愛

在很多下屬看來，我和主管就是工作的關係，就是主管和被主管的關係，不摻雜任何情感的成分。再說，我是憑能力在賺錢，沒必要對主管關心和體貼。

關係學家認為，在人際社交中，最容易走近他人的方法就是真誠地關心和體貼。關心能打破溝通的障礙，消除彼此的防範思想，贏得對方的真心相待。心理學家也認為，只有關心和體貼能讓對方感到溫暖和溫馨，使彼此之間的感情更進一步。

其實，不只是在普通人的人際社交中，在上下級關係中，主管也需要來自下屬的關心和體貼。如果下屬能夠對主管關心和體貼，也是拉近與主管的距離，贏得主管關心的一個很好的辦法。

主管也是普通人，也有七情六慾。主管並不希望下屬和自己只是純粹的冷冰冰的工作關係，也希望下屬能夠關心一下自己的生活和身體狀況。員工對他們發自內心的關心和體貼，才是令主管們最感動的，印象最深的。

再說，主管們多擔負的工作遠遠比員工要重要和繁雜，他們也許在工作中能力比你強一些，但是在其他方面，他們可能遠遠不如你，比如：素養、體能和精力方面。此時，如果員工心中根本就沒有關心主管的意識和觀念，怎能談得上配合好主管？

也有些員工認為，上級幫助下級、關心下級是應該的，要下屬關心上級，豈不是顛倒了嗎？在團隊中，不論是同事之間還是上下級之間都需要互相關心互相愛護，並非只是上級有關心和幫助下屬的責任，下屬同樣需要關心和體貼主管。我們都知道，團隊就是一個大家庭。如果在大家庭中，你能坐視你的父母姐妹兄弟因為工作勞累而旁觀嗎？如果你為他們擦一下汗水、穿一件衣服或者按摩讓他們放鬆一下就是低三下四嗎？如果不那樣做才是冷血動物的表現。

在松下電器株式會社，松下正在巡視工作。他無意中走到一位年輕的下屬面前，無意中問到：「年輕人，你會做肩部按摩嗎？」

年輕人雖然感到這個問題很突然，和工作也沒有什麼連繫，但還是誠實地回答「不會，先生。」松下幸之助感到很吃驚，他接著又問道：「難道你從來沒幫父母做過肩部按摩嗎？」

「沒有」年輕人看到老闆有些驚訝的表情，感到有些窘迫。

「唔，那麼，這就是說你在事業上將不會有很大的成就。」最後，松下幸之助對這個年輕人做出了這樣的結論。

年輕人感到大惑不解，他認為事業上的成就是憑我的能力，和為父母做肩部按摩有什麼關係。父母又不能決定我的事業前途？

松下幸之助看到了他對此的疑惑，進一步解釋說：「假設你和主管同時要趕一個任務需要連夜加班。你年輕力壯，毫無問題。可是主管年紀大了，體力不支。這些，你考慮到了嗎？那麼，此時，你能夠或者你願意為

他做一下按摩，讓他放鬆一下嗎？」

　　年輕人很羞愧地低下了頭。

　　在上面這個案例中，松下幸之助之所以提倡「給老闆做肩部按摩」強調的就是關心主管的重要性，在於引導員工學會體諒主管和同事，並且真誠地關心他們。

　　甚至有些員工會認為那樣做不是拍主管的馬屁嗎？只有能力不行的員工才會透過哪種方式表現自己吧？而我們這些能力優秀的人主管求之不得呢？我們絕對不會低下高貴的頭顱。這種認識也是錯誤的。對主管的關心和體貼並非只是沒有能力的員工藉機討好主管的方式，按摩之類的關心方式也不是低三下四的表現。其實，這些種認識都是不正確的。

　　雖然在企業中不存在和自己有血緣關係的兄弟姐妹，但是在你的工作中，給予你支持和幫助、引導的正是他們。特別是主管，你事業的提升和發展，肯定離不開他們的幫助。他們給予你工作上的幫助，甚至遠遠超出了你的父母。對於這些，你沒有反饋的必要嗎？動物尚且懂得反哺和感恩，何況我們人？

　　有些員工可能會認為對於主管的感謝和回報就是透過工作能力來證明。這的確是一方面。但是，在平常的工作和相處中，能夠關心他們的內心需求，及時地表達出來，也是對主管的一種尊重和回報。不一定非要等自己功成名就之後，在平時的相處中，這些舉手之勞的關心和體貼就應該表現出來，這才是對他們發自內心的關愛。這樣的員工在主管的心目中，也是好員工的標準之一。

　　你關心別人，別人才會關心你。

　　對於主管工作上的困難、生活上的困難，下屬若能熱情地關心，想方設法排憂解難，主管自然會樂於與之交往；當主管感受到你真誠的關心

後，他們往往也會回報給你同樣的關心，也同樣會關心下屬的工作和生活。這樣良性互動，互相關愛的氛圍就會形成。

對主管要有人情味

在上下級關係中，很多員工對主管都是冷冰冰的正式的工作關係，只是在工作中請示匯報即可，即便在請示匯報中也是一副冷冰冰的公事公辦的臉孔，工作以外的事情一律不談。至於關心主管的一些生活感情更是沒時間或者說不感興趣。

我們知道，一般人遇到喜怒哀樂的事，都不願悶在心裡，而希望與朋友同喜同樂，共解哀愁。主管也是同樣，他們並非高高在上，不食人間煙火。他們也是普通人，也有自己的七情六慾，他們也有自己的煩惱要訴，也要自己的歡樂希望與人分享。比如：遇到自己高興的事 —— 子女考上國立大學、搬了新房等，也需要有人能與他同樂；而如果遇到憂愁煩悶的事，比如：老婆離婚、家庭不和諧、兒女不爭氣等，也想找個人訴說一下自己的苦悶。可是，他們與誰訴說呢？在工作場合，他們更多的接觸的是下屬、是員工。他們也需要來自下屬的體貼和關愛，也希望能夠與自己分享一下煩惱和痛苦。可是，主管和員工之間因為職務關係，他們的內心情感和內心需求往往不會直接表現出來。因此，越是這樣，越需要下屬主動，把自己對主管的關心和體貼表現出來。如果下屬在主管高興時能夠表示欣賞贊同，在主管憂煩之時能表示同情和關懷，這樣和上級的感情連繫必將加深，那麼上級自然會在心中將你當成朋友。

小方給老闆當祕書已經有一個多月了。這一個月來，他親眼目睹了到當老闆的不易。

公司要上一種新產品，於是老闆日日夜夜都泡在了廠裡，根本沒有按

時吃過一頓熱呼呼的飯菜，有時臉都顧不上洗，起來就奔向工廠。一次，外商來洽談訂貨事宜，老闆穿著沒顧上換來的衣服就直奔旅館。褲子和皮鞋上都是試驗產品的斑點。

小方看到老闆整夜整夜地加班，看在眼裡，急在心裡。這麼下去，老闆的身體會吃不消的，鐵打的身子也經不住呀。

於是，小方被感動了，他真心想盡自己的力量幫助老闆。可是，他對新產品不懂，幫不上什麼忙。於是，為了給老闆補充體力，小方了解到參片可以補養身體後，到藥局去買了一些。每次在老闆的白開水中加幾片，具有提神醒腦的作用。

有一次，老闆因為沒有休息好，胃口不好。小方聽了非常著急。他忽然想起母親會做一種養生湯，不油膩，營養也好。於是，急忙打電話給母親。晚上，當老闆喝到養生湯，感覺很對口味時，小方才感覺輕鬆許多。

對於老闆來說，從來都沒得受到任何一個員工如此細心周到的照顧，從來都是公事公辦、埋頭工作、甚至一天都不說一句話的死氣沉沉的員工。而小方的行為他被深深感動了。以後，他不僅把小方看成得力的工作助手，而且也看成了好朋友一般。在工作和感情中都加深了一步。

像小方這種對領導者的感情投資，會使主管認為這種員工有一種「歸屬感」。因為認同主管也就是認同公司，可以說是日後可以倚重的人。

由此可見，對主管也要有人情味，給予他們平常人希望得到的關心和照顧。哪怕你之比其他人多做了一點點，也足以令主管刮目相看。

▌察言觀色

如果你的主管身體健康，精力充沛，在工作上也得心應手。可是，有一天，他情緒低沉。為了不讓屬下知道，表面極力裝得若無其事，但是，

他的一些動作和眼神都會流露出苦惱的表情。此時，做下屬的一定要細心，注意從主管的表情中看出特徵。比如：主管眼神呆滯，神情迷惘，本來得心應手的工作卻總是出錯；或者原本精神煥發的臉龐也失去了光彩。那麼，你對這種微妙的表情的變化就不能不予以注意。

如果主管心事重重不回答，顯然主管的心事不宜向你透露，此時，你只需小心照顧就行，安慰的話不宜多說，少打擾主管。

試探法

如果你發現主管情緒低沉，可以試探著以假裝隨意問話的方式，找出主管一點點訴說，說出真正苦惱的原因。比如：小心詢問他：「家裡都好嗎？」

此時，也許主管就想找個人傾吐一下心中的苦惱，也許他真的需要請你幫一個小忙，此時，你主動提出來，正好幫了他的忙。不論透過那種方式，相信這時下屬這樣說，主管一定對你的關愛與細心，感激不盡。而且，經過此番交流，相信你們的感情會增進一大步。他一定會記住你對他的關愛並會對你特別關心。

安慰主管

一般來說，人在最脆弱的時候鬥需要有人來安慰他。主管也是同樣，也有悲傷的時候。此時，他們在心靈上呈現出較脆弱的一面，做下屬的應該主動設法了解主管的苦惱，設法讓他悲傷的心情逐漸淡化。

在主管向你傾訴的時候，必須提前做好準備。如果你沒有合適好的言辭，最好的方式就是傾聽。因為傾聽可以使主管感覺到你對他的尊重。其次，可以根據主管向你傾訴的內容進行處理。如果主管回答：「唉！我太太突然病倒了！」下屬要表現出關切：「什麼？你太太生病了！現在怎麼樣？」

或者「別擔心，你太太一定會好的，你抽不出時間，我這幾天有空，先代您去看看她。」或者「您儘管去照顧，公司有什麼事我先照應著。」

▌了解主管的興趣愛好

員工如果了解老闆感興趣的內容，也是工作之外建立起融洽而輕鬆的上下級關係的一種方式。

比如：他喜歡爬山還是釣魚……了解主管的喜好，並不是為了拍馬屁，而是為了加深對主管的了解，是為了保證上下級的愉快合作。因為，主管的興趣愛好也是調劑他們緊張的神經，給他們的生活加點輕鬆調味料的一種方式。因此，在公司餐廳，或在電梯遇見時，都可以聊幾句。如果主管喜歡球類，不妨跟他聊聊 NBA、世界盃；如果主管喜歡汽車，不妨跟他聊聊汽車保養、開車經驗；如果主管對股市感興趣，不妨跟他聊聊股市行情，動態走向。透過這些話題，增加與主管的親切感。

總之，員工在工作中不僅需要智商表現能力，也需要情商表現出對主管人性關愛的一面，做主管的朋友。來自生活上的正當而及時的關心和問候不但可以拉近下屬和上級的距離，而且比按摩更能使主管心情舒暢。

不放過雪中送炭的好機會

出於各種各樣的原因，主管偶爾也會出現各式各樣的困難，不論在工作上還是在生活上。此時，做下屬的應該明白，此時，雪中送炭是一個「溫暖主管」的良機，炭對於雪中人來說，實際效用很大。這種的機遇不能讓它從你的手中「溜走」！

提到雪中送炭，人們會想到胡雪巖資助落難的王有齡。這是一種雪中送炭。可是，幫助處境艱難的主管不一定都用錢財，有時，一句關心的話

語，一個得體的問候，都會讓他們深受感動。沒有其他原因，只因世態炎涼，人們大多是勢利眼。在這種時候，員工能雪中送炭，他們自然不會忘記。

可是，隨著時代的發展，主管們需要下屬「雪中送炭」的方式也在改變。因為他們的困境不僅只是來自錢財上的窘迫、地位上的降落或者家庭中的不幸，而是因為他們也會有各種各樣心理問題在困擾他們。可是，這些有不足為外人道，實在痛苦不堪。因此，下屬為主管「雪中送炭」不僅要關心主管的物質情況，也要關心他們的心理健康問題。

一位年輕有為的銷售主管在別人看來風光無限，是眾多同事和下屬羨慕的對象。可是，一種莫名的憂鬱正在襲擊著他。但是，他既不能對主管講更不能對員工說，擔心他們會因此看不起自己。

一次，他在出差途中，認識了一位外地的女孩。因為不是在本公司內部，他和這位女孩交往中感覺很投機，身心也很放鬆。幾次交往後，女孩對他也有好感，但是提到談婚論嫁，他總是心有餘悸。

原來，他在一家公司做行銷企劃，企劃了幾個專案後籌劃了幾個月，先期也有了一些投入，但最後卻被老闆的兒子據為己有。在這過程中，他居然還被同事莫名其妙地「騙過」兩回。為此，他感到很壓抑，不再相信任何人，只看重利益，只是拚命賺錢。就連別人為他介紹對象，都帶著懷疑的目光看人，以為對方動機不純，是為了他的錢財而來。

當然，敏感的他對自己的這種狀況心知肚明，但除了痛苦還是痛苦，別無它法。開始變得越來越內向，不願意與人溝通，不相信別人，在一些具體工作的細節上又特別苛求，對自己對別人都是一樣，變成了一個「絕對的完美主義者」。

在這樣的矛盾痛苦中，一次，他在餐桌上喝醉了。當他的心腹又在說

出恭維他的話時，他勃然大怒，放聲大哭。下屬預感到他又什麼心事在壓抑著，於是私下請教了一位身心科醫師。

幾天後，下屬請這位銷售主管見到了一位特殊的朋友 —— 身心科醫師。當然，這些，主管事先並不知道。結果，這位銷售主管在身心科醫師的引導下傾吐了一些自己的煩惱，感到像見到知音一樣很開心。後來，他在和身心科醫師的交往加深，逐漸熟悉後，便一口氣道出了自己多年來被壓抑的苦惱。

身心科醫師聽話對他對症引導，不久，他的壓抑感和疑慮感全部消除了。當他感激身心科醫師時，身心科醫師說出了他下屬的名字。此時，這位銷售主管對下屬默默給予的關心很是感激。

這位下屬就是雪中送炭的人。雖然不是他親自出面，是求助於身心科醫師，但還是幫助主管脫離了痛苦的深淵。

當然，主管不可能都遭遇心理危機，但是，他們也會有各種各樣的不如意的事情在困擾著他們。比如：當主管感到自卑時，你能鼓勵起他們的信心，讓他們充滿自信地工作，或者在他工作受阻時要主動請纓充當先鋒部隊，在主管出現信任危機時努力維持其主管形象。這也是一種雪中送炭。

在團隊中，主管和員工都需要互相關心，員工需要主管激勵和關愛，主管也需要員工的激勵和問候。千萬不要認為主管是萬能的，他們也有苦惱需要發洩，因此，對主管千萬不要忽視感情投資，用你火熱的心來溫暖處於「冰天雪地」中的主管。

當然，由於主管的處境不同，性格不同，員工的能力有限，擁有的資源有限，因此，送給主管的關心和照顧也要講究一下方式。

- **要送的有價值**：雖然是雪中送炭也不能凡事落難的主管都送。有些人是自作自受，就不能送。那樣做就會愧對雪中送炭這個扶危救困、得仁人義士之譽的美名。因此，只有認定受用的人在大眾中有一定的口碑和影響度才值得送。

  當然，如果這個主管有東山再起的可能，那麼，雪中送炭保守的估計，是投入一碗飯，回報一千金。因為，此時，主管為送炭者無論回報多少東西都不為多。他如果不回報或不能按要求回報，就會背上不仁不義之名。當然，此時你不能大張旗鼓地歌頌自己。

- **真心相送**：任何人都不喜歡別人虛心假意地對待自己，主管也是一樣。如果他發現員工「送炭」不過是想利用自己時，就算接受了「炭」，也不會產生感激心理。因此，領導者在「送炭」時必須是處於真心地關愛和照顧，讓當事人和所有周圍的旁觀者都覺得，你是實實在在、誠心誠意的。

- **量力而行**：雖然雪中送炭是義舉，送者有時也不指望回報。可是，員工對主管送炭要在力所能及的範圍內進行，不要開出實現不了的空頭支票。如果你需要投入很多的資源甚至犧牲一部分自己的利益來資助處於困境的主管時，就需要計算一下自己可以承受的成本。對於困難比較大的，要盡量發動大家群體幫助；同時，還要處理好輕重緩急，要依據困難的程度給予適當照顧。

- **注意哪裡會「下雪」**：雖然員工不希望主管落難，可是，主管的處境不是員工可以決定的。因此，員工在與主管的相處中，要對主管的前程、身體狀況以及生活狀況等都比較關心，要清楚主管的後顧之憂所在。一旦發現哪裡有「雪」，以便尋找恰當的時機送出「炭」。

　　總之，人們對雪中送炭的人總是懷有特殊的好感。不論送出去的「炭」是精神上的撫慰還是物質上的救助，雪中送炭、分憂解難的行為最易引起主管的感激之情，進而形成彌足珍貴的「魚水」之情。

　　如果你擁有並活用了這種感情投資，不僅接受「炭」的人會感激不盡，還會感動其他的員工。

誠心誠意敬主管

　　人們常說，要取得成功，需要貴人相助。這個貴人，很多時候就是你的主管。因為人生中三分之二的時間都是在職場中度過，其中，主管特別是主管的指點和提攜是員工成長和超越的基礎和動力。因此，作為下屬，要懂得對肯無私地幫助自己，善於發現人才、提拔人才的主管尊重並感恩，誠心誠意地表達自己的敬意。

　　小梅在學校學的是會計專業。對這個專業，她並不感興趣。她想學文科，對數字根本就不感興趣，只是聽說畢業後好找工作就選擇了。一年以後，她的舅舅新開了一家工廠，小梅在媽媽的建議下就到工廠財務科。

　　舅舅的工廠規模並不大，財務只需一個出納、一個會計就可以。可是，小梅根本就不入行，每天和那些票據、報表之類打交道，弄得她暈頭轉向。小梅對自己的也失去了信心，想轉行了。

　　此時，那位做會計的快退休的阿姨給了小梅及時的幫助。她看出了小梅的消極情緒，對她說：「你都考過大學了，學會計肯定沒問題。只要你肯學，我保證你能做好。我在學校就是偏文科，不也一樣做好了會計工作。」這位阿姨的話鼓勵給了小梅。從那天起，阿姨開始手把手地教她。從每天怎樣做收支憑證、記錄現金帳等一個環節都不放過，而且經常在下班還留下來指點小梅。小梅沒想到來到社會上還會有這種負責任的同事，

因此，也盡心學，自己也感覺比在學校讀書還用心。

　　小梅對財務軟體不熟悉，阿姨就一個命令一個命令地展示，毫不鬆懈。半年下來，小梅從生疏到熟悉，從不懂到內行，居然能獨當一面了。舅舅看了也放心了。本來，企業就需要員工三頭六臂，每樣都能拿得起。

　　後來，阿姨退休了，小梅正式接替了阿姨的位置。舅舅專門為阿姨辦了一桌酒，帶小梅謝謝阿姨。餐桌上，阿姨說：「許多人都認為我幫助小梅是為了討好你，其實，我是為了保護小梅的自信心，激發她心底最深處的潛力和動力。她剛到社會，如果就失去了信心，對她的打擊就太大了。」

　　小梅聞聽此言，望著阿姨頭上的銀髮，端起酒杯，衷心地對阿姨說：「謝謝您，師傅！」

　　此後，每逢逢年過節，小梅都要到阿姨那裡去看望，傾聽一些工作上的建議，得到一種精神上的鼓勵。

　　小梅在對前途迷茫時，得益於職場恩師的鼓勵和幫助，在工作中立住了足，有了進一步的發展。因此，小梅對「恩師」的尊重，也是發自內心的感動。

　　那麼，職場人士應該怎樣尊重並且感激自己的主管呢？

- **尊重主管**：古往今來，人們都把「尊重」「尊敬」，視為一種高尚的品德。因為它展現著人的文化素養，道德修養。職場中也是同樣，尊重主管是每個部屬的必備素養。不尊重主管，就是沒有職業修養，更談不上發展問題。

  我們知道，主管是團隊的核心人物，他們的言行和決策，都是為了整個團隊的高效運行。所以，不管主管是自己的長輩，還是晚輩，都應尊重他們、支持他們。尊重他們、敬重他們，也是員工修養的表現。

- **誠心誠意**：與拍馬屁不同，對主管的尊重和感激是自然的情感流露，是發自內心的、不求回報的。因此，這種感激才能打動主管，如果為了某種目的而表現出的虛情假意只能讓他們討厭。

- **恰當地讚美**：我們知道，讚美具有很大的力量，因此，對主管的尊敬好感激也可以透過語言讚美表現出來。

  如果你想讚美主管，可以挖掘他們的優點，列出具體的事例；也可以寫一張字條給主管，告訴他你是多麼熱愛自己的公司，感謝工作中獲得的機會；也可以透過別人的話語間接讚美主管，將工作成果歸功於主管。

- **用優秀的業績來感恩**：付出你的時間和心力，為公司更加勤奮地工作，用優秀的業績來感恩，這些比物質的禮物更可貴。

我們知道，感恩是一種深刻的感受，也是一項重大的感情投資，施與受兩者都會感到一種心我靈的感動和滿足。因此，不要忘記以特別的方式表達你的感激之意。

職場中，儘管每一份工作、每一個主管都不是盡善盡美的。可是，當你回憶這一切的時候，你會發現，自我成長的喜悅往往是和主管的培養分不開的，儘管其中也有嚴厲的關愛。因此，對這一些，你怎能不心存感激？特別是那些一切都要從頭學起，全靠主管引導和幫助步入職場快車道的人。

因此，要想在職場中贏得一席之地，多向你的「職場恩師」學習，尊重並感激他們，多聽取他們的意見和看法，珍惜他們的教導，你的職場之路就會更暢通。如果你每天都帶著這樣一顆充滿感激的心去工作，那麼你會發現，心情是愉悅的，工作是快樂的。

第八章

培養品德，為自己聚光

「德」包括品格和道德素養。品德不僅領導者需要，員工也需要。國外許多公司的應徵員工時，除了能力以外，個人品行是最重要的評估標準，沒有品行的人不能用，也不值得培養。

一個人如果在這些基本方面做出表率，就會成為楷模，肯定會得到尊敬佩服，威望也會越來越高。

職場上，如果你的品德令人佩服，主管選擇提拔對象時，將你視為得力幹將，而且也容易得到員工的支持。

好印象來自好品德

品德是盡到責任和義務的真誠和善良。品德在一個人的成長中有著重要作用。品德較高的人，性情比較善良，富有同情心，責任感比較強，善於自我換位情感體驗。而如果沒有良好的品德，人生就是扭曲的、灰暗的。

美國哈佛心理學家哈里森‧伯格朗（Harrison Bergeron）認為，儘管有關智商、情商、健商、財商、心理分析和心理健康等個人成長研究課題風靡全球，但許多人對品德的了解還遠遠不夠。

可能也有些員工認為在企業中只要能力突出就可以，品德不必太計較。殊不知，主管對員工的印象不只是來自於工作能力、對他們工作能力的認可，也表現在道德素養方面。在美國高級管理層，有一句話特別流行：「我們常常因為看中某個人的知識而僱用他，最後因為這個人的人品差而解僱他。」你的能力也許不一定能馬上表現出來，但是在日常生活中，你的道德卻在每時每刻都經受著檢驗。

可能，有些員工片面地認為，在工作中摻雜點水分，神不知鬼不覺，不是什麼大錯誤。如果這樣想就更是大錯特錯了。作為下屬，切記不要對

主管「躲貓貓」，因為主管也是從下屬走過來的，你玩的一切都是他玩剩下的。如果你心存僥倖，時不時地在工作中摻點水作點假玩點什麼花樣，儘管他可能表現出不聞不問，一旦哪天他跟你計較了，那絕對不是你想要的結果。因此，切不可聰明過了頭，在他面前陽奉陰違。

另外，從個人成長的角度來看，職業道德也是最起碼的職業操守。而且越是重要的職位，越看著一個人的道德，因為誰也不會喜歡一個沒有職業道德的「人才」。很多出賣機密資訊的人，社會上惡名在外，以後誰還敢聘用他們呢？至於那些被送政府機關偵查，甚至在監獄內日夜反省的「人才」，更是被打入了冷宮。因此，道德才是你職業發展的生命線。

比如：有些資深主管唯利是圖，甚至到了為了個人利益不擇手段的地步，對服務的企業自肥、落井下石，這就是缺乏資深主管起碼的職業道德的表現。他們這樣做的結果給人們留下了惡劣的印象，從而也影響了他們自身的形象，沒有企業再聘用他們。

對於一般員工來說，道德就是忠誠於企業，積極配合主管，特別是在企業遭遇危機時更是不離不棄。這些都會給主管留下好印象。

在沃爾瑪（Walmart），有一位普通女工瓊。她雖然只是一名一般員工，可是利潤分享金額比她多年來得到的薪資總和還多。她贏得豐厚利潤的祕密是什麼？──道德。

瓊20歲時進入沃爾瑪25號分店工作，那時，她負責處理貨物理賠事項。不僅工作非常辛苦，而且薪資又低。與她同時來公司的人幾乎都跳槽了，但是，瓊想，既然自己選擇了到沃爾瑪來工作，就要盡自己最大的努力促進公司的進一步發展，不能因為一時的待遇而離開。於是，瓊·凱利堅持留下來。瓊·凱利沒有在低薪待遇時另擇高枝，這一選擇給主管留下了深刻的印象。

主管對她的第二個好印象是：她積極參與公司的利潤分享計畫。

沃爾瑪有一項讓所有員工都參與利潤分享的計畫。每個在沃爾瑪公司工作了一年以上，以及每年至少工作 100 小時的員工都有資格參與分享公司利潤。剛推出時，很多員工怕承擔風險都不敢參加，但是瓊‧凱利成為積極推動這項計畫的員工之一。

透過以上兩個行動，瓊‧凱利的道德給主管留下了好印象。後來，隨著公司的發展和壯大得到了豐厚的回報，瓊‧凱利的利潤分享數字越來越大。

不論對任何級別的員工來說，道德都是職業發展的生命線。因此，員工要想給主管留下好印象，就必須重視道德、修練道德。特別是那些掌握了大量的機密資訊的關鍵員工，無論何時何地，都不做有損公司利益的事情，這是對公司負責更是對自己負責，也是為自己增加印象分的關鍵！

誠信才能贏得信任

有些員工常常羨慕那些被主管重用的人，因而常常埋怨主管有眼無珠，為什麼不重用自己？要想成為被主管重用的紅人，首先一條就是贏得他們的信任。只有他們相信你，才敢對你委以重任。彼此的信任關係就建立了，合作效率高，彼此獲益大，反之亦然。

因此，要讓主管信任你，就不要做出背叛主管的事情。即便不是出賣公司機密，哪怕一次小小的欺騙都不能有，因為這些都會影響主管對你的信任度。

王大榮和劉佳琳都是一家大型化妝品公司的新員工，他們的工作是從事市場調查員的工作，了解準消費者對她們公司新產品的認可度。透過培訓，公司向他傳達了詳細的調研模式，並規定了每張調查表的最少調查時

間，每天的調研表完成數量。

接下來，劉佳琳熱情高漲地去進行市場調查了。但現實和他所預計的完全不一樣，人們並不願意接受他的調查，更不願意填寫調查表。很多時候人們一聽是做市場調查的，就轉頭不再理會了。

一個上午，僅僅完成了幾張調查表，距離公司的要求還差很多：怎麼辦？他想到了一個「高明」的辦法：自己找親朋好友來填寫。於是，5天後，到了交調查表的時候，劉佳琳的調查表是數量最多、數據最完整的。

可是，第二天公司主管找他談話了。原來公司有很完善的數據真實性檢驗模式，他們發現，表上的墨跡幾乎都是在同一時間填寫的。於是，公司對劉佳琳的印象大打折扣，剛上班就敢這樣明目張膽地糊弄主管，一怒之下把他開除了。

而王大榮呢？主管讓他去的是一個十分偏僻的地方。因為交通不便，在把這個任務分派給王大榮之前，都被其他人找理由推託掉了。可是，王大榮沒有拒絕，而且還認認真真踏踏實實按照要求去做了。當然，王大榮這種踏實認真的工作態度也給主管留下了好印象。主管從王大榮調查的資料中及時調整了產品銷售的方向。

以後，王大榮在工作中處處受到重用和提拔，因為主管感覺交給他做事放心。不到6年的時間，王大榮竟然做到了銷售經理的位置。因為他做市場調研時誠實的行為給主管留下了良好的第一印象。

用人要看本事，誠信就是做人的根本，誠信才能贏得信任。

軍隊中有這樣一種文化：一個弄虛作假、不誠實的人，在戰場上是不敢打仗更不可能打勝仗的人。在職場中，一個不講誠信的人同樣也不可能有多大的作為。誠信是立足之本，是首要的職業精神。如果某位員工對工作、對主管弄虛作假，缺乏起碼的責任感，又怎麼會獲得主管的信任呢？

更不用說任用他們做統率三軍的主管。

　　信任不僅是主管用人之本，也是企業發展之本，商業交易的完成，正是建立在組織之間相互信任的基礎之上的。如果一個人缺乏起碼的誠信，那麼誰會與之合作呢？因此，做下屬的首先要贏得主管的信任，這是日後重用你的關鍵。

- **心術要正**：主管都喜歡忠誠於自己的員工，而不是利用自己做政治投機的員工。在主管看來，只有同心同德、眾志成城，事業才能夠發展，那些持心術不正的人遲早會成為事業發展的破壞力量。

- 因此，做下屬的首先要有一顆公心，有「先成就團隊後成就自己」的觀念。只有這樣的獻身精神才能真正得到主管的重視與支持。

- **行為要端**：員工既然選擇了企業，就要時刻維護企業的利益，凡事先從企業發展的大局考慮，不能因為利益誘惑做出出賣企業的事情。

- **經得起考驗**：就像沒有無緣無故的愛，也沒有無緣無故的恨一樣，信任是來一個人的言必出行必果的，因此，可以說，主管相信你的過程也是對你的道德考驗的過程，如果你經不住考驗，就怨不得別人。

　　信任也有保固期，當獲得信任後，如果自滿自傲、不以為然了，那就錯了，如果那天疏忽了，那麼信任就會貶值。

　　總之，在職場中要想得到發展的空間，最起碼是要得到主管的信任。信任，是靠平時一步步累積起來的，只有平時能夠出色的完成一件件交代的小事，讓主管對你的信任度逐步累積，並且攻無不破，才會給你挑大梁的機會。

忠誠是攀登的階梯

從主管的角度來看，每一個都喜歡忠誠於自己、忠誠於企業的員工。一家公司或許能容納能力一般但對企業忠誠不二的員工，但絕對不能容忍能力雖強但見利忘義的員工。這是亙古不變的真理。無他，因為企業要在商海中搏擊，風險莫測，需要一批忠誠的「衛士」保駕護航。

某家大公司技術部的經理很有魄力，是公司非常重要的人才。但是有一天，有位商人突然請他到豪華大飯店吃飯。商人拿出 30 萬的支票說：「最近我正跟你們公司洽談一個合作專案，但是遇到了點麻煩，希望你能幫點忙。如果你能將貴公司相關的技術資料給我提供一份，這些錢就是你的了！不過請放心，這些資料不會對貴公司有什麼危害的。」結果，這位經理迷迷糊糊上了賊船，背叛了公司利益。

有些員工由於掌握很多對公司很重要的資料，所以經常會成為客戶或競爭對手的公關對象。貪心的人為了私利，就極易背叛公司。像這種不忠誠的人，很難想像他能夠在職場上立足。原因很簡單，沒有一個主管願意僱傭隨時都可能背叛自己的人來為公司服務。當你出賣公司利益時，即便是得到好處的公司，也不會真正尊重你，因為你的道德大打折扣。很多高層管理者天天和老闆打交道，卻未必得到老闆的信任，可能就和自己的道德不過關有關。

英國大企業維珍集團（Virgin Group Ltd.）的董事長理查·布蘭森爵士（Sir Richard Branson）說：「忠誠可以說在每一層次上均占有主導地位。任何對公司忠誠的員工都能夠創造出忠誠的客戶來，而後者又反過來吸引了神色飛揚的股東。這說明忠誠的藝術和忠誠關係的建立是使現代企業真正有效運轉的關鍵所在。」只有忠誠的員工才是公司發展的脊梁。

有了「忠誠」這塊招牌，無論你到哪家公司都會有自己的立足地。而且，忠誠的員工，總是能得到最豐厚的回報，這種回報既有長期的、無形的，也有物質的、具體的因此，員工們一定記住：忠於公司，就是忠於自己；背叛公司，就是背叛自己。

小秋和小傑都任職於一家公司。創業階段，由於公司名氣小，銀行不能貸款，產品沒有知名度銷售很困難。一部分現金都押在銷售商手中。眼看著公司的現金周轉越來越困難，連薪資都開始拖欠了。

對於這種嚴峻的形勢，小秋選擇離開，另尋他處。他不想把自己的青春和精力浪費在這種沒有希望的博弈中。本來就是被雇用，哪家給薪資高就可以跳槽。可是小傑沒有這麼想，他選擇留了下來。一來小傑看到老闆每天奔波忙碌的身影，不忍心在這時候離他而去。對老闆來說，也正是需要員工支持和幫助的時刻。二來，他認為，創業時期正是考驗企業和員工的關鍵階段。這個階段如果能挺過去，那麼，以後的一切困難都不在話下了。他很慶幸自己能趕上這個時刻，正好也考驗一下自己的心理承受能力和應對困難的能力。於是，他留了下來，不但幾個月都沒有領到一分錢，反而把自己有限的錢拿來貼補到公司，並且還不斷地鼓勵和支持老闆。

就是在這樣艱難的條件下，他們經過幾個月辛苦的市場開拓，終於在一次廣交會上產品一炮打響。不久，有實力的投資人也加盟了，公司的規模進一步擴大，產品的系列也不斷得到完善。當然，小傑和老闆也成了生死之交。而且，也成為企業除老闆之外最大的股東。因為老闆感謝他當初的大力支持。

在企業發展的各個階段，都需要忠誠的員工。忠誠乃員工立身之本。一個稟賦忠誠的員工，能給他人以信賴感。這樣的員工在創業期是主管值得依賴的精神支柱；在發展期，是主管值得託付重任的人。同樣，他們在

贏得主管信任的同時更能為自己的發展帶來莫大的益處。如果你留心觀察，就會發現，忠誠還會決定員工的組織地位。在任何企業裡，都存在一個無形的同心圓，圓心是老闆。越是忠誠的員工離老闆越近的，儘管他們的職位不一定多高。當然，這些越靠近「同心圓」圓心的人，越可能獲得穩定的職業和穩定的回報。

千萬不要認為，忠誠只是對於企業和老闆來說有獨特的價值，忠誠的價值如果離開老闆和企業就無從顯現。養成忠誠的習慣對於自己的發展來說也大有裨益。從某種程度上說，忠誠於老闆就是忠誠於企業、忠誠於自己的職業。因為你選擇企業也就是在選擇你的發展方向。任何一個企業的發展都不會是一帆風順的，如果一遇到挫折困難就當逃兵，那麼這種習慣會決定你最終一事無成。

當然，最關鍵的是，忠誠要用業績來證明的。那些表面上「絕對忠誠」於老闆的人，實際卻做不出什麼業績來的人不能叫做忠誠。企業的利潤要靠汗水去創造，並不是員工表示忠心就能得到的。因此，員工在完善和提升個人素養時，應該時刻記住：用你的能力證明你的忠誠！

值得注意的是，員工對主管和企業的忠誠都是在認同其價值觀和道德的前提下，如果員工單方面忠誠，而主管對員工卻處處設防，處處猜疑，那麼就沒必要對他們忠誠。因此，員工的忠誠也是有原則的。只有和主管互相忠誠，才能形成對企業忠誠的良性互動局面。

用責任感建一道防火牆

網路時代，許多危機公關問題是因為員工的行為不當引起。因為有些員工沒有一點責任感和主動性，對工作敷衍應付，馬馬虎虎，結果使企業的形象造成了損害。

　　某公司總部人員去某地區調查市場的時候，發現有些店員傻傻地站在那裡，有的展示區商品都是空的，原來是沒有貨可賣。

　　經查，沒有貨賣並不是因為公司沒有貨，而是因為工作人員的責任感不夠導致的。分公司沒有按照公司的要求操作，拖延了時間；同時分公司財務人員也沒有重視，提供給總公司的帳號也是錯誤的，重新辦理手續又耽誤很多天。

　　人們不禁要問，這些員工的責任感和責任感在哪裡？

　　這些員工不僅給客戶、給企業造成了損失，也給自己的職業生涯發展帶來了很多負面影響。試想，哪個企業敢聘用這種對工作不負責任的人？

　　員工的不負責任不僅表現在以上這些方面，還有一些員工不注意自己的形象和行為，說話做事不注意方式方法，不注意給企業帶來的影響，這些也是不負責任的表現。

　　國外一個採礦企業發生了安全事故，當主管問及對遇難礦工的處理意見時，當事人輕鬆地說：「死幾個人人算不了什麼，一條人命幾萬塊錢就打發了。」

　　這位員工的行為就是不負責任的表現。結果，他的言論被在發布到網路後，引來了大眾的一片反對。企業的形象也受到了重大影響。

　　員工是企業中的人，說話做事都要從企業的角度考慮，不能率性而為、我行我素。以上這些情況的出現固然和員工本人的率性、粗心等先天的性格因素有關，更為主要的是，他們的頭腦中缺乏責任意識，意識不到自己的職位職責是什麼？

　　職位的名字叫責任。企業的每一個職位就如戰場上的戰士的位置一樣重要。只有每位員工對自己的工作職位盡心負責，對職位規定的職責嚴肅對待，認真負責，這才是對主管、對企業、對客戶負責的表現，也是員工

道德的表現。否則，玩忽職守、不負責任就不具備做員工的基本道德。

凡是企業中那些優秀員工、被主管重用的員工都是責任感很強的員工，他們把主管交辦的事情當成自己的事情一樣看待，不僅會努力、認真地工作，有人監督與無人監督一樣，而且在完成工作的過程中，會主動自發地去克服各種困難，爭取按時、按質、按量完成任務。正是這樣高度的責任，因此，主管才會放心地把重要的工作交付給他們辦理。

有責任感的人不僅表現在工作中能主動處理好分內與分外相關工作，而且他們在自己的言行中處處注意維護自己的形象，維護企業的形象，維護合作夥伴的形象。他們即便在失誤面前也能做到不推託，能主動承擔責任，而不是處處找藉口為自己開脫。

這件事也告訴我們，不管任何時候，都要用責任托起你的脊梁。不論在企業內部面對主管還是在外部面對客戶和合作夥伴，你要做的第一件事就是承擔責任。一旦你的心目中，責任第一，就為自己打造了一座防火牆，任何競爭對手都無法攻破。

約翰曾在一家企業擔任過技術總監，可是，由於市場開拓不利，約翰居然失業了。

一天，獵頭公司找到他，向他推薦全美乃至世界都有相當影響的一家企業。可是令約翰沒有想到的是，他們居然提出令人不可思議的問題：「我們很歡迎你到我們公司來工作，你的能力和資歷都非常不錯。現在，你既然選擇來到這裡，能否告訴我你原來開發的一些技術軟體的資訊。」

約翰聯想都沒想就一口回絕了。他說：「你們這個問題很令我失望，不過，我也要令你們失望了。作為技術人員來說，保守機密永遠是我的使命。」約翰說完轉身就走，雖然他清楚地知道，他會因此而失去特別優厚的待遇。

可是，沒過幾天，約翰居然收到了來自這家公司的一封信。信上寫著：「你被錄用了，不僅僅因為你的專業能力，還有你的責任感。」

其實，任何一家公司在選擇人才的時候，都會看重一個人是否有責任感。只有高度的責任感，才會盡心盡力完成自己的任務；只有責任感，才會處處注意維護企業的形象，即便在錯誤面前也會勇於擔當。這種責任第一的員工當然就是道德的展現，他們在擔當責任中也得到了鍛鍊和提升。

不做欺上瞞下的「蝙蝠」

在《伊索寓言》（*Aesop's Fables*）中，蝙蝠在鳥類和走獸爆發的戰爭中左右搖擺，兩面討好。對著鳥類糟蹋走獸，表白自己是鳥類。可是，當走獸戰勝鳥類蝙蝠卻又突然出現在走獸的營區，同樣糟蹋鳥類，表明自己是獸類。

可是，當最後戰爭結束，走獸和鳥類言歸和好時，雙方都知道了蝙蝠的行為。鳥類和獸類都毫不客氣地把蝙蝠驅趕了出去。此後，蝙蝠只能在黑夜，偷偷的飛著。

在員工中，也有這類為了保護自己的利益而糟蹋欺瞞同儕甚至欺上瞞下的「蝙蝠」。特別是有些中層，掌管著具體業務，主管批准的一些審批事項，也要透過中層來承辦。雖然重大事項雖然要請示主管，但是在主管對細節不「十分清楚」的情況下，他們就鑽了這個漏洞，在處理具體事情上很不規範，自作主張，不是承上啟下而是欺上瞞下。

在政府部門，有這樣一種中層，他們對上不去認真領會中央精神，對下，也不去了解群眾的疾苦和民情民意，只從自己的主觀願望出發，習慣於做表面文章，只是為了保住自己的烏紗帽。

某分公司在對總公司提報產品零售銷量時，就虛報數據，因為虛報可

以多拿績效薪資。結果總公司對相關的人員做出了嚴格處理，分公司總經理和產品總監都被開除，還被罰款數萬元。

有人之所以選擇說假話，欺騙上級和老闆，就是因為存在一種僥倖心理，以為可以矇混過關，以為別人不知道，可以逃避過去。其實，把別人當傻瓜的人是最大的傻瓜。雖然主管可能暫時沒有察覺到，可是，基層群眾的眼睛是雪亮的，他們不會坐視自己利益受損失而忍氣吞聲。那樣的話，一旦東窗事發，後果會很嚴重。因為主管最痛恨的就是欺騙自己的人。他們之所以給中層權利是為了讓他們代表自己行使職權，而不是為了為自己謀取福利，更不是為了達到自己的目的去欺上又瞞下。如此，高層主管的形象也會受到損害，他們豈能容忍這種事情發生？

欺上，不僅是欺騙主管，還包括不分是非地媚上。比如：不論主管說什麼都是對的，哪怕自己內心不擁護也不敢去堅持原則。瞞下，就是把上級的意見扭曲或者隱瞞，藉以欺騙和糊弄下屬；或者用威逼利誘和陰謀詭計來欺騙下屬。這樣的中層既暴露自己的無能，又會破壞公司的管理形象。因此，這種人，老闆通常會果斷處理，毫不手軟。原因無他，因為欺上瞞下就是道德太差的表現。如果說能力不足可以透過培訓和經驗的累積來提升的話，而危險的品行就不是透過學習和幫助馬上可以改變的。

有時候，有些中層之所以不自覺地欺騙，常常是由於畏懼主管，怕挨罵、怕承擔責任引起的。但是，如果你怕擔責任而欺上瞞下，不但會給主管留下欺騙的印象，在下級中也會民怨沸騰，那你的職業晉升已經停止。即使你想改變，代價也是十分昂貴的。

人都不願意受欺騙，不論上級還是下級。如果你屢次欺騙別人別人也會欺騙你，這是最簡單的道理。同樣，在職場中，主管也不會提升一個欺騙他的下屬，下屬也不會擁護一個欺騙自己的主管。因此，無論對上還是

對下，即使小小的欺騙和謊言，都不能出現。對上級誠實，對下屬守信，這樣的中層才能在兩邊都受到認可。

根除拉幫結夥的壞習慣

應該說，由於各人素養不同，利益不等，自我修養不一，每個公司都有一些或大或小的幫派勢力。比如：職場中就存在著這樣一些小團體，各自拉攏，各自為政，利用親友關係。

這些人在圈子內，只講義氣，不講紀律，視規章為兒戲，拿原則做交易。有人這樣形容拉幫結派造成的惡果：「表揚了逢迎諂媚的，提拔了指鹿為馬的，累死了當牛做馬的。」

小張所在的會計事務所由於工作專案上的一些因素，公司對人事作了比較大的調動。本來在外地工作的一位主管調到總部來就職，任專案部主管。

這下，總部內的人像炸開了鍋。在大家剛得知新主管即將上任的時候，辦公室裡就已經鬧翻了天，大部分人都在為自己爭取更多的聯盟。首先是那些老鳥的職員們開始到處拉攏關係，每天一起找人吃飯，每次都故意讚美幾句，為了結成對付新主管的統一戰線。至於一些新人，對於完全陌生的「空降」主管，也在準備自己的備戰策略。頓時，辦公室成了拉幫結派的山頭。

有些人特別是那些對自己能力沒自信的人，不管到哪裡老是喜歡拉關係，找後臺，拉幫結派，這樣做也許短時間內可以如願以償，因為人的樸素情感總是根深蒂固，但這樣的關係不可能長久，別人完全可能因為你的平庸而受到拖累。

再者，主管們也不會容忍在企業內這種拉幫結派的風氣盛行。在他們

看來，拉幫結派只會使人際關係複雜化，降低工作效率。甚至一些立場不堅定的人很容易在親情友情面前放棄原則，拿原則做交易，做出違背公司利益的事情。嚴重的甚至會發展到山頭主義、獨立王國。因此，作為公司最高層，對於任何拉幫結派的苗頭和企圖，都會毫不手軟地打壓和扼殺。

因此，要根除這種拉幫結派的壞習慣首先需要樹立新的觀念，在提升自己的能力上下功夫。

- **樹立新的交友觀**：人的接近應該是志趣和價值觀，而不是地域和血緣。在團隊內，志同道合是最重要的。為了共同的愛好，為了企業的發展結合到一起，共同出謀劃策尋找辦法，這樣的員工才是主管最欣賞的。因此，習慣與陳舊的拉幫結派的員工要樹立新的交友觀。

- **注重提升自己的能力**：在職場中，主管主要是看著員工的能力，因為關係並不能產生直接效益。如果是能人走到哪裡都受歡迎，庸人到哪裡都吃閉門羹。如果是一塊好鋼，誰也壓不垮你；如果是一塊爛泥，再硬再強的關係也扶不上牆。如果你不能為老闆帶來利益，一切親情友情、地緣血緣關係都是無足輕重的，因此，還是在提升自己能力上下功夫吧。

- **保持中立**：如果你目前所在的公司內存在一些幫派，最好的辦法是：弄清公司的各種複雜關係，分析利弊，保持中立，不至於因某一派失利而受損，只要做好自己分內的事情就好。

- **明白老闆是最大的贏家**：你要知道公司權力的鬥爭贏的永遠只會是老闆，因為他心裡自有一本帳，或許某些情形就是他默許的。因此，有時候沒必要為了保護自己的利益或者公司的利益對某些人表現的勢不兩立，非要處之而後快。

我們看到無論紀曉嵐怎樣為民請命、怎樣想方設法尋找各種機會，要皇上除掉和珅，可是終其一生，也沒有辦到，皇上也沒有答應紀曉嵐的請求。為什麼？

難道乾隆皇帝在的時候沒有發現和珅是個大貪官嗎？不！乾隆皇帝是何等聰明的人呀，他之所以沒有查辦和珅就是因為和珅在某種意義上，對於管理朝政造成了很大的作用。

首先，和珅除了是一個大貪官之外，他的能力也不可否認。另外，他還是一個很好的協調者，他可以很方便快捷的調動幾乎所有的官員，甚至比皇上的命令還要管用。更為重要的是，在紀曉嵐和和珅的鬥爭中，和珅也有著一定的作用。如果乾隆周圍沒有和珅只有紀曉嵐的話，那勢必會出現像雍正皇帝當時的情形，搞得人心惶惶，不得安寧。所以，合理的使用這兩個人正是乾隆皇帝的英明之處。

在企業的幫派內也是同樣，老闆永遠是最大的贏家。因此，有些時候，沒必要因為自己要「為民請命」而把一些對老闆特別有用的「貪官汙吏」都繩之以法。那樣的話，老闆還會擔心你的威望過高、實力膨脹而危險他的地位。

當然，在企業內部，不可能做到不和任何人交往，過於清高，只是自己要做到不為了一己私利而故意拉幫結派，損害企業的利益；同時，面對企業內的幫派，最好的辦法就是中立。既然老闆心知肚明，自然會採取措施。

在同事中搭一座和諧橋

同事之間相處融洽，大家心情愉快，是提升工作效率的重要保障，也是決定團隊戰鬥力的重要因素。能夠和同事和諧相處的員工也是主管最欣賞的。

可是，同事之間由於相處的時間很長，彼此之間還有無所不在的競爭，不一定都會如你所願，人人都能和你親密和諧相處。有時，昨天還親如兄弟姐妹，今天有利益衝突，也會馬上反目為仇、刀槍相向。此時，你怎麼辦？永遠對他們置之不理不可能，因為工作需要合作、需要配合；不和他們一般計較，沉默寡言也行不通，這樣他們會認為你理虧；和他們一樣人吵大鬧一頓更不行，除了破壞自己的形象也解決不了任何問題。

此時，首先要認識到同事之間的摩擦是難免的。

我們知道，在家庭這個有血緣關係的組織中，兄弟姐妹之間也會出現相互爭吵的現象，在企業中，同事和你沒有什麼血緣關係發生相互爭吵更是不足為奇。在團隊中，同事來自不同的地域，他們的思想觀念、處世哲學、生活態度等不可能和你一樣，這些都會成為發生矛盾的潛在因素。而在企業中，同事之間又有著一定的利益衝突，因此，難免會產生各種各樣的衝突。但是，爭吵之後還需要長期的和平相處，這才是長期共事的目的。

從古至今，許多人一直提倡「和為貴」，「和」包涵著非常廣泛的含義：和解、和氣、和緩、和睦、和好、和悅、和善、和美、和平、和諧等。「和」成語也不勝枚舉，如：和風細雨、和顏悅色、和藹可親、和光同塵、和衷共濟、和諧共生、和平共處等。這些深邃的哲學思想和深刻的處世理念，無不展現了人們對和的追求與嚮往。

人們寄望透過調解化解各種矛盾，也是由於認識到「和為貴」的重要性。調解的過程，也就是追求和的過程。因此，調解過程中，無論採用了什麼方式、方法，其目的都是為了達到和解。

不但與同事之間的摩擦調解需要遵循「和為貴」的原則，就是在平時與同事的相處中也需要注意「和為貴」。如果在和同事平時的相處中能夠

遵循這樣的原則，你和同事發生矛盾和衝突的機率就會大大減少。因此，在和同事平時的相處中要注意做到以下幾方面：

- **互相信任**：與同事共事一定要講誠信，不要弄虛作假。如果共事時貌合神離，甚至耍手段坑害同事，時間一長就會失去同事的信任，最後成為孤家寡人。

- **互相幫助**：同事之間要相互關心，相互幫助，特別是在同事危難之時，要伸出援助之手。比如：同事有病，身體不好，工作上盡量照顧一些；同事家裡發生變故，你要及時伸出自己的手，從物質及精神上給予力所能及的幫助。

- **互相諒解**：同事之間有時出現認識上的差異、利益上的矛盾，對於同事的過失和一些錯誤，要善於體諒和寬容。只要不是原則問題，只要不影響大局和全局，可以採取寬容和大度的態度。做到大事講原則，小事講風格，多寬容不挑剔。

- **互相欣賞**：如果你才些出眾，能力強，在同事面前不要自高自大，更不能對那些比你能力低的同事不屑一顧。俗話說：「尺有所短，寸有所長」，對同事要抱著欣賞的態度，對於他們取得的成績和榮譽，要為之高興，要見賢就尊，見能就學，不能自高自大，不屑一顧，甚至妄加貶低。你欣賞他人，他人也會欣賞你。

- **寒暄、招呼拉近距離**：寒暄、招呼看起來微不足道，但實際上它又是一個展現同事之間相互尊重、禮貌、友好的大問題。同事之間的寒暄有利於製造和諧融洽的氣氛。比如：早上上班見面時微笑著說聲「早安」，下班時打個招呼，道聲「再見」等等，這對培養和製造同事之間親善友好的氣氛是很有益處的。

- **共事不「挑三揀四」**：與同事們一起共同合作，切莫「挑三揀四」，把輕鬆、舒服、有利可圖的工作攬下給自己。這樣他們就會覺得你奸猾、不可靠，不願與你合作共事。

- **及時消除誤解和隔閡**：同事之間發生分歧和摩擦時要及時消除誤解和隔閡，不讓矛盾和摩擦繼續發展和惡化。如果自己確有過錯，就要及時賠禮道歉；如不便說明或解釋不清的，最好請其他同事幫助。只要注意說話誠懇，態度和善，事理充分，相信別人還是能夠接受你的意見的。

- **豁達相待**：盡量保持一顆開放的心，多照顧別人的感情、情緒，即使對方冒犯了自己，也要豁達一些，能忍則忍，能讓則讓，不要因一時之氣而耿耿於懷。

總之，和同事相處，要發自內心地關懷他們，真正地了解和體諒他們，只要相互之間做到以下幾點，就能和諧相處，感情就會自然而然地建立了。

和同事和諧相處是為別人更是為自己。因為構建和諧的環境，是做好一切工作的前提。如果你能在同事間搭一座和諧的橋樑，有效地化解同事間的衝突，無疑是為主管拆除掉了不和諧的定時炸彈。有這種道德的員工老闆自然是求之不得的。

第九章

自我管理，不做情緒的垃圾桶

　　員工在工作中，情緒有著重要的作用，如果情緒高漲，工作效率就高，和同事相處也感到愉快；如果情緒低落，不僅會影響工作效率，看到主管和同事也感到厭煩。

　　當然，影響情緒的因素除了自己的性格特點外，工作是否繁重、壓力是否大是關鍵因素；另外，家庭、主管等和自己密切相關的人，他們對自己的態度也會影響自己的情緒。可是，無論怎樣，如果不懂得控制自己的消極情緒，在工作中過於情緒化就會影響工作，影響團隊的士氣。而且，在主管看來，這樣的員工也是不成熟的表現。因此，員工要學會自我管理，讓自己始終以熱情高漲的形象出現在團隊中。

避免把消極情緒帶進工作

　　情緒是指人們對環境中某個客觀事物的特種感觸所持的身心體驗。每個人每天都要面對許多人和事的變化，心理和生理都會受到一定的刺激和影響，就會表現出來。比如：當你聽到自己加薪了，那麼，你的大腦神經就會立刻刺激身體產生大量的興奮素；可是，當你聽說被扣薪資了，馬上就會怒氣沖沖，要「討個說法」。

　　一般來說，情緒分為積極情緒和消極情緒兩種。中醫把人的情緒歸納為七情：喜、怒、憂、思、悲、恐、驚。比如：歡樂、開心、激動興奮、自信等可以說是積極情緒的表現，而悲傷、哀愁、灰心喪氣等就是消極情緒的表現。

　　當然，人人都希望每天都開開心心，充滿積極的、快樂的情緒。可是，美國密西根大學（University of Michigan）心理學家南迪‧內森（Nandy Nathan）的一項研究發現，一般人的一生平均有十分之三的時間處於情緒不佳的狀態。而且生活上的消極情緒很容易被帶進工作，這樣就不利於我們

的工作。因為它不僅影響你的工作，主管和同事對你的印象也不會有多好。

比如：昨天晚上，你和你的野蠻女友吵架了。今天早晨氣還沒有消，還在想著晚上次去怎樣對付這個不講理的女人。那麼，你來到辦公室，肯定會緊繃著臉，那隻攻擊性很強的公雞。即便同事和你打一聲招呼，你可能都沒聽見。至於主管安排給你的任務，你更是心煩意亂，不能專心去完成。如果再遇上難纏的客戶，你肯定會怒火中燒，大吵一架，把心中的怒氣發洩一下。

可是，你痛快了，客戶慘了。你的職業生涯也亮起紅燈了。很明顯，那個主管都不會提拔太情緒化的員工。長此以往，這些人給主管和周圍的同事留下了很惡劣的影響。

因此，在一家大型超市的店員應徵中，人力資源主管有個標準，店員最好多找那些結過婚、生過孩子的婦女。因為他們上有老，下有小，各種事情見多了，不會輕易情緒化。而那些年輕的女孩子，如果她們前天晚上和男朋友吵架了，第二天就會鬧脾氣。如果因此得罪了顧客，損害了公司形象，你批評她，她會一氣之下不做了。

雖然他們的用人標準不值得所有行業模仿，但是也說明，主管最擔心情緒化太明顯的員工。因為人們處於無法克制的情緒中，工作效率會大打折扣。在這方面，有真實的事例可以作證。

威廉·奧斯特瓦爾德（Wilhelm Ostwald）是德國著名的化學家。有一天，他由於牙痛發作，疼痛難忍，情緒很壞。他走到書桌前，拿起一位不知名的青年寄來的稿件，大略看了一下，覺得滿紙都是奇談怪論，順手就把這篇論文丟進了紙簍。

幾天以後，他的牙痛好了，情緒也好多了。於是，他從紙簍裡把那篇論文撿出來重讀一遍，竟然發現這篇論文很有科學價值。於是，他馬上寫

信給一家科學雜誌，加以推薦。結果，這篇論文發表後，轟動了學術界，該論文的作者後來獲得了諾貝爾獎。

可以想像，如果奧斯特瓦爾德的情緒沒有很快好轉，那篇重要的科學論文的命運就將在紙簍裡結束了。

因此，主管怎麼能容忍一個有不良情緒而且又難以調節和控制的員工來處理工作呢？那樣影響的不僅僅是個人的聲譽和本職工作，而且會影響涉及全局的事業。

這還不算，而且消極情緒還有一種傳染性，就像流行感冒一樣，周圍的人也會受到影響。比如：在公司中，如果你拉著臉，同事也會小心翼翼地避開你，這就是消極情緒的影響。

消極情緒不僅會影響你周圍的人，而且傳染的速度相當快。一個人如果和情緒低落的人在一起，那麼不到半小時他的情緒就會受到對方的傳染。如果一個人總是和心情沮喪、唉聲嘆氣的人在一起，不久自己也會變得憂鬱起來。那麼，團隊就會失去鬥志，一片散沙一樣。

相信你一定聽到過這樣一句俗語：一塊臭肉壞了滿鍋湯。西方的管理學界也有類似於這句俗語的定理：酒與汙水定理。說的是如果把一杯酒倒進一桶汙水中，你得到的是一桶汙水；如果把一杯汙水倒進一桶好酒中，你得到的還是一桶汙水。如果領導者不及時處理其中的一塊臭肉，那麼將會使整個團隊都臭氣熏天。主管肯定不會任由這種消極情緒在團隊中蔓延。

由此可見，如果你不能有效地調節自己的情緒，情緒不佳時就要放下工作，千萬不要把自己的情緒帶到工作中。

不要把工作煩惱帶回家中

職場人，不僅不能把不良情緒帶到工作中，也不要把工作中的煩惱帶回家中。這也是自我管理情緒的一方面。

對於這一點，很多人做不到。他們認為，既然公司不讓我發洩情緒，還不允許我在家中發洩嗎？這是我的家，誰管得著？這樣想其實是錯誤的。

每一位員工能安心工作都離不開家人的支持，家人已經為你奉獻了很多。如果你再把苦惱、憂愁等消極情緒發洩給他們，他們的情緒受到影響，也會影響你的工作。有時你自己可能不知不覺，但是你的表情足以說明一切。那樣，不但你自己變得很情緒化，其他人也會受你的影響。

比如：一家人原本高高興興地說笑，可是，你下班後陰沉著臉走回來，家人和孩子肯定都會像老鼠見了貓一樣消無聲息地散開。這就是受到你的消極情緒的影響。再如，如果你因為工作中沒有受到公平的待遇，回家後對著老婆生氣，老婆肯定一甩手，不做家務了。那麼，第二天，你餓著肚子上班吧。這種不好受的滋味肯定會影響你的工作。同樣，這樣的名聲傳出去，也會影響你在同事和主管眼中的印象。

人在職場，總會遇到些不如意的事。如果把工作中的種種不快情緒帶回家，結果，公司和家庭都充滿了「火藥味」，讓你心煩意亂，找不到一處可以避風的港灣了。

我們都知道，家是最溫暖的地方，家是讓身心放鬆的地方，可以抵禦外面風雨的地方。因為這裡有真心關愛你、安慰你的親人，他們的關愛可以撫慰你傷痕纍纍的心靈。因此，千萬別讓不良情緒破壞了家的和諧，更不能和他們反目為仇。如果不懂得這一點，你就失去了工作的動力。想一下，你辛辛苦苦地工作，不就是為了讓家人生活幸福嗎？

再者，無緣無故地把自己的煩惱向家人發洩也是不成熟、不尊重他們的表現。每個人都有自己的心理空間，如果不考慮家人的感受，一味宣泄自己的情緒，這是不可取的。

想一下，愛人和你一樣，奔波於繁忙的工作中；父母和你一樣，周旋於複雜的人際社交中；孩子也不比你輕鬆，繁重的作業每天都在壓迫著他們瘦小的身軀。已經身心疲憊的家人本來在家中時尋求放鬆的，又怎能忍受你沒來由的怒火呢？何況，你在外面所受的委屈並不是他們的過錯，他們也沒有義務來擔當你的「出氣筒」。

如果他們也像你一樣回來就發洩自己的不滿，這個家庭就要被沖天的怒氣引燃「爆炸」了。

工作是工作，家庭是家庭，把工作上的情緒帶回家裡，除了在加重口舌之爭和火上加油外，別無他用。如果把工作上的壓力也帶回家中，緊張感就會時時相伴，不但你的身體會受到影響，家人也會有一種莫名其妙的緊張感，破壞了他們享受家庭溫馨的情趣。而且，這樣的員工主管也是不欣賞的，認為他們工作能力低，不能在正常的工作時間完成工作。

在主管們看來，只有會工作、會生活的員工才是正常的，只會工作不會生活，或者只重視生活不重視工作的員工都是生活不規律、太偏頗的。這種極端的生活方式掩蓋的是一顆心態不健康的心，一旦遇到時機就會爆發出來。最終，生活和工作都會受到影響。

有句話說：成功者控制自己的情緒，失敗者被自己的情緒所控制。一個人想有所成就，就要有情緒調控的能力。同樣，要想做職場成功的人，也要學會調整自己的情緒，注重業餘生活，留出與家人交談、傾訴、聽音樂、處理家務、參與體力勞動等共享的時間和空間。讓家庭的溫馨抵禦工作中的「寒流」，這樣做，對你身心會大有裨益。

要調整自己的消極情緒，最為關鍵的是，要學會遺忘。與其讓一些無可挽回的事實破壞我們的情緒、毀壞我們的生活，還不如讓自己對這些事情坦然接受，並學會忘記。畢竟，我們不可能生活在回憶中；畢竟，我們還有今天的路要走；畢竟，明天比昨天更長久。

學會調節自己的情緒

既然情緒對人們的工作影響很大，人們就要有意識地調節自己的情緒，特別是感到主管對自己不公正時，要盡量控制，不形於色。

工作中，那些自我感覺良好的員工一旦知悉主管對自己的評價並不是很高，甚至對自己做出否定的評價時，常常會沉不住氣，喜怒哀樂頓時溢於言表，馬上與主管鬧起來，以至於對立情緒長期蔓延。要知道，這種做法，於主管、於自己、於工作都是極為不利的。其結果，往往走上你願望的反面。

在惠普公司，幾乎人人都知道，詹魯士是個工作能力十分出眾的員工。就在昨天，詹魯士還想著憑自己的工作能力，公司應該給加薪了。可是，他居然就被解僱了。為什麼呢？

得知自己被解僱的通知後，詹魯士一肚子不滿意，怒氣沖沖地一腳踢開主管的門，拍著桌子吼叫道：「憑什麼解僱我？我們部門幾項重要的創新措施，都是我最先提議的。」

還沒等到主管解釋，詹魯士手指著主管的鼻子惡聲惡氣道：「聽著，你這樣對我太不公平！我要去高層告你！」

主管聽他發完火，冷靜地回答：「你想知道被解僱的原因嗎？請你不要激動，聽我解釋。我從未懷疑過你的能力，但遺憾的是，你太過於傲慢無禮了。」

詹魯士聽到這裡，吃了一驚。

主管繼續說道：「你知道，我們公司一直以形象良好、口碑極佳著稱。我們很重視員工的工作能力，也同樣重視員工的形象和修養。而你，粗魯、散漫，而且還蠻橫無理。如果你在家裡，我可能不會干涉，但問題是你不代表自己，代表公司。這是任何企業都不允許的！」

詹魯士沒想到，辭退自己的居然是這個理由，不等主管說完，他就明白已經沒有任何可以挽回的餘地了。

在員工和主管發生衝突時，學會控制情緒不僅是對主管的尊重，也是個人修養的表現。

一直以來，他都認為，員工只要能為公司創造業績就可以了，沒有人會在修養上計較。可是，一個在公司內都不能理智控制自己情緒的人，在為客戶服務時，特別是遇到刁蠻的客戶，怎能不怒髮衝冠？這樣的結果，很可能會把事情搞砸。

可能有些人會說，既然工作中不能帶情緒，也不能把煩惱帶回家中，應該怎麼辦呢？該如何去克服自己的不良情緒呢？在適當的場合用適當的方式來調節自己。

▋ 及時調整心態

不論我們在生活中碰到了什麼不如意的事，都要及時調整好心態，告訴自己把煩惱拋在腦後。你可以拿起一顆石子或者亂紙團狠狠地把它扔到很遠的地方。當你這樣做時，會感到有一種發洩的感覺，煩惱似乎也消失了。這樣調整，可以及時進入正常的工作狀態。

▋ 學會冷卻自己的情緒

假如你在上班時意識到自己情緒不好，將要爆發出來時，可以先放下

工作，遠離那個令你煩心的地方，去洗手間或其他地方待一會兒，也可以做做深呼吸或喝幾杯水，待心情平靜後再重新工作。這樣也可以造成控制情緒的作用。

否則，遇事太急躁，太衝動，你的氣出了，心情好了，卻無意中讓別人為你承擔了你的痛苦。

▌變換角度看問題

任何事情都有消極和積極的兩個方面，不要鑽牛角尖，陷在自己設置的苦惱中無法自拔。如果我們變換一下角度，從積極的方面去看待一件事，也許你會有另一番心緒。

比如：和同事發生矛盾時，即使真的是對方的不是，也不妨站在對方的立場上來想想自己那些方面做得不對，找一下自己的原因。當你明白自己原來也存在不足之處，錯怪了同事時，也許會覺得心頭舒展了許多。

▌不要用別人的錯誤懲罰自己

人們一旦遇到引發情緒波動的事情時，往往心情無法平靜，不是喋喋不休地敘述就是一個人埋頭生悶氣。此時，切記不要把精力糾纏在誰是誰非上面。事情已經過去了，即便找出誰是誰非又能怎樣。此時，對方也在氣頭上，即便他錯了也不可能向你賠禮道歉，更不可能因為你生氣而改變他自己。因此，你這樣做就是在用別人的錯誤在懲罰自己。

既然這樣，何必自我折磨呢？

▌尊重他人

如果你想把自己的消極情緒向他人宣泄時，請想一下，別人和我們一樣每天都在「忙碌著」、「煩惱著」，也想尋求輕鬆和快樂，為什麼還要

讓自己的煩惱為他們增添痛苦呢？所以，從為別人著想的角度出發，也不應該把個人情緒加給別人，要學會控制自己的情緒。

▌放下工作

一般來說，人在情緒不好時是很難進入工作狀態的。古人有怒時不作書之說，講的就是情緒不好時不要給人寫信，以免遷怒於人。因此，不妨放下工作。不要在氣頭上工作，那樣會忙中出錯。

▌興奮也不能過度

其實，不只是消極情緒，如果「一人高興就讓眾人失眠」也是情緒化的明顯表現，這也是不能調節自己情緒的明顯放映。在公司中，有人一旦遇到了高興的事，就要大張旗鼓地宣布一下，狂歡幾天。這種過度的激動也會影響工作。

我們都知道，學校在放假後開學前幾天學生都不會很快進入狀態，就是因為他們在假期中玩樂的太投入了，不能馬上調節過來。這種過於興奮的狀態也會影響正常的工作。

因此，對於自己這種興奮過度的激動心情也需要適當調節，讓自己盡快恢復到工作狀態。

比如：在工作要開始的前兩天，不要太放縱自己遊玩或者歡樂，以免這種興奮的刺激讓自己處於長時間的激動狀態中。

總之，當我們情緒不穩定的時候，遇到事情一定要冷靜。有高興的事，表現在臉上無妨，但悲哀的事，就不要表現出來。因為將一切都表現在表面上，便會促使情緒強烈化。如果你能夠把不悅之情不形於色，就在自我管理方面邁進一大步了。

對工作永遠保持熱情和熱忱

　　許多人在剛剛踏入職場或者剛剛進入新公司的短時期內，幹勁十足、熱情高漲，但用不了多長時間，工作的平淡就會磨平他們的熱情，他們像個機器人一樣每天重複著單調的動作，似乎沒有創新和創意了。這時的他們把工作看成了苦役，把時間看成了度日如年，總是盼望著能早點下班，期望著主管不要把困難的工作分配給自己。而且每當工作中出現不順心的事，就想透過換個工作環境來刺激自己一下，以便找回一種新奇的感覺。

　　真真就是這樣的一名員工，她在飯店辦公室從事行政工作。剛開始，熱情高漲，總想像花樣翻新的廚師一樣做出個樣子來。可是不到三個月，她竟然有一種枯燥無味的感覺。她說：「行政工作呆板枯燥，我整天忙來忙去的，全是在為老闆工作，拿那麼一點薪資都不夠逛一次商場。每天下班後還累得腰痠背痛。想想一輩子要從事這樣的工作就提不起精神。」

　　工作中相信不少職場人都有這樣的經歷。當工作的新鮮感過去後，心情也會平淡如水，再也激不起一點波瀾。試圖透過跳槽讓自己找到一個新奇的環境，讓「死水微瀾」似乎並不是一個可行的辦法。因為那種新奇也是有限度的。

　　如果你發現自己的生活只是今天複製昨天，然後重複一遍黏貼到明天上，那麼就說明你失去了工作的熱情。在這種狀態下，主管會懷疑你是否有工作效率？在這種狀態下，你早晚會失去職場回家。

　　熱情是工作的原動力，熱情是成就事業的根本。要想擺脫這種困境，跳出這一循環，我們就必須想辦法找回工作熱情。

　　熱情是一種態度。要知道一個人對工作的態度比工作本身更重要！態度的積極或消極，最終決定了兩種人的做事結果，也決定了兩種人生。

熱情是一種職業道德，是對工作的熱衷、執著和喜愛；

熱情是一種推動力，推動著人們不斷前進。

在一個企業中，有熱情的員工總能展現出高昂的士氣，能夠對工作充滿強烈渴望、滿腔熱情和主動性。

熱情還有一種帶動力的作用。就像在戰場上，決定戰爭勝負的往往不是武器，而是軍隊的士氣一樣，充滿熱情的人能影響和帶動周圍更多的情緒，使他們熱切地投身於工作之中。即便身處逆境，也會使事情向良好的方向發展。

熱情還是一個人生存和發展的根本。一個員工若不具備最起碼的熱情，就很難讓主管看到他的決心，信任感就會比較差。主管也往往不會委任這樣的下屬做一個部門或一個專案的總負責人，因為他們自身需要在別人的帶動和激勵下取得成功。他的人生也必將黯淡無光。

因此，任何企業都希望員工對工作抱有積極、熱情、認真的態度，因為只有這樣的員工才是企業進步的根本。如果你在工作中充滿熱情的話，你獲得的將不僅僅是金錢。

在日本，有一項國家級的獎項叫「終生成就獎」，用來獎勵那些為工會做出重大貢獻的人，很多社會菁英都很重視這項獎章。而這個令人矚目的獎項卻頒給了一位普通而又平凡的人 —— 清水龜之助，這位普通的郵差。為什麼一位普通人能得到「終生成就獎」呢？因為他對自己的工作充滿了熱情。

由於有對工作的熱情，清水龜之助才能無懼於天氣和各種不利因素的影響，做到幾十年如一日，始終堅守自己的職位，真心誠意服務好每一位客戶。

郵差，這個讓別人看起來如此普通枯燥的工作卻讓清水龜之助贏得了

用戶的認可和社會的尊重。

由此可見，不論在任何職位，充滿熱情的工作都能造就自己的輝煌人生。

在比爾蓋茲（Bill Gates）和保羅・艾倫（Paul Allen）研發 BASIC 時，他們兩個在電腦室發狂地工作，經常一連 24 小時通宵地做，偶爾睡上一兩個小時。在電腦鍵盤前做著做著就睡著是常有的事。在微軟進入發展階段後，蓋茲工作的熱情和熱忱不減，他每週工作六十至八十小時，已不是什麼新鮮事情。這種不要命的精神，影響了那些跟隨他們的人，員工們和蓋茲一樣同甘苦共患難，為日後微軟的崛起開闢了通暢的道路。

由此可見，要成就一番事業離不開熱情。只有自己發自內心地熱愛工作，才能激發起工作的強大動力。

那麼，怎樣才能找到自己的工作熱情呢？

- **把工作當作自己的事業來做**：相信每個有志的人都想創造一番自己的事業。可是，你的事業在哪裡起步？很多是在工作中。工作就是鍛鍊自身能力和提升自身修養的方式。如果你把工作看成是自己成就事業的歷練，每天都在吸取著有益的東西，每天都在自我完善，相信你不會感到工作時枯燥的。

  因此，不要再將工作當作自己生存的工具，認為工作只是用來養家餬口。那樣，工作就會成為被動的，會成為沉重的負擔，你自己也永遠不會得到提升。

- **為自己工作**：雖然你是在替老闆工作，但是你其實是在為自己工作。你得到的薪水不是老闆支付給你的，而是你工作的報酬。只有你在工作中不斷提升事業才會進入新的天地。

為自己工作，難道你會煩躁嗎？要世界上從來就沒有不勞而獲的人。如果有一天你真的無所事事，可能你會感覺自己成了無用的廢人。

- **讓工作證明你的價值**：每個人都需要證明自己的價值，那麼，透過什麼方式 —— 工作是最好的方式。

想到工作就是在證明你的價值，你難道沒有工作動力嗎？如果敷衍了事，那麼敷衍的就是你自己的人生。這樣想時，相信你的身上就像有一種熱情在燃燒似的，會感到精力充沛，工作輕鬆愉快，效率高。

當然有時候我們也會遇到一些不如意的事情，心裡也會感到些許不舒服，可是，做事業從來沒有一帆風順的，如果連這點困難都克服不了，怎能成就一番事業？

總之，熱情，就像生命的五種元素，缺一不可。要想在職場立住腳，站得穩，必須改變對工作的態度，讓工作重新引燃你的生命活力。燃燒你的熱情，把這種熱能傳遞到你的工作中去，你在工作中所製造、所散發的熱量，終將傳遞給主管。當這份熱情累積到一定的度時，你也必將是主管心中最炙手可熱的人選。

少發牢騷多做事

在生活中，發牢騷是一種很普遍的現象。任何人，如果感覺自己沒有得到所期望的，或者認為和自己的付出不等價，便免不了牢騷和抱怨。只不過，在生活中，發牢騷的對象多是親朋好友、愛人孩子等，在職場上，員工發牢騷的對象多是主管或者老闆。當主管分配自己的工作任務重、得到的報酬太低時便免不了抱怨一番。

抱怨雖然是一種很正常的現象，卻對解決問題於事無補。因為抱怨者往往只站在自己的立場看問題，不但角度很窄，而且看得不長遠。總是在

這種消極心態的支配下會迷失自己前進的方向，失去奮鬥的動力。

小智和小飛都是學管理的。畢業後小智在總公司謀到了一份清閒的工作，福利待遇令人眼紅。可是，小飛呢？進了一個剛起步的分公司跑銷售，不但任務緊壓力大，而且薪資待遇都很低。

每次同學聚會，小飛看到小智衣著光鮮、開著小轎車進進出出就覺得自己特別窩囊。最近，小飛聽說小智公司員工入股可分紅，光年終紅利就有 20 萬元。想到自己每個月才三萬多元的薪資，年終又沒有什麼指望，更不用說入股，小飛免不了滿腹牢騷，在同事間抱怨起來：「這個破工作，真是沒有一點前途。我這點錢，根本不夠養家餬口。以後怎麼辦呀？」

在這種心情下，小飛對工作也不積極。沒過多久，老闆批評他：「工作要加把勁呀。」可是，小飛想到自己那點可憐的薪水就是提不起精神。

不久，小智被總公司分到分公司。這下，小飛想，小智肯定會牢騷滿腹了，因為分公司和總公司在待遇上天地之差啊！可是，他並沒有看到小智因此抱怨。半年、一年過去了，小智依然樂呵呵地工作著，雖然上級沒提拔他。小飛有些大惑不解了：小智怎麼這樣心胸開闊啊！失去的都是利益啊！

就在小飛有些心猿意馬想跳槽時，小智的事業有了突破。他居然被分公司經理提拔為特別助理。因為主管看到小智能上能下，遇到不順利的情況從不抱怨，而且在實際工作中也累積了一定的工作經驗。而小飛呢？原來主管對他的能力有一定的認可，可是因為他總是牢騷滿腹，就放棄了升遷他的打算。

有些員工總是像小飛那樣抱怨自己的付出與受到的肯定和獲得的報酬不成比例，抱怨自己得不到理想的薪資，抱怨自己不能獲得主管的賞識。這樣的情緒是產生藉口的溫床。一旦你開始抱怨這些，你在工作中就失去

了進取的動力。日久天長，養成惡習，不是指桑罵槐，就是含沙射影，成了一個地道地道的自由放任者。

企業中，任何主管都會討厭那些只發牢騷不做事的人。因為他們只有藉口，沒有結果。

不是嗎？一個喜歡發牢騷的人，總是把心思更多地用來平衡自己的感受，而沒有把它放到做事業上去。抱怨的人卻是處處找藉口的人。他們不是抱怨主管心胸狹隘的人，不能理解自己；就是抱怨同事不能配合自己；或者工作環境不盡人意。因此而產生牴觸情緒，將自己與公司對立起來。如果總是日復一日地抱怨下去，工作效率只會越來越低。試想一想，假設你是老闆，你願意僱用這種牢騷滿腹的員工嗎？如果你想採取發牢騷的方法解決問題，那顯然是太愚蠢了。即使生就一副伶牙俐齒，畢竟惹人討厭，越來越無法讓人同情。主管對他們終究不會長期慫恿姑息。

我們知道，一個優秀的團隊、部門是建立在團隊成員的相互配合、相互合作基礎之上的。一旦團隊中出現了總是牢騷滿腹的員工，就會影響到他人的心態，就不會成為一個優秀的、有戰鬥力的團隊。

小剛從音樂學院畢業後，應徵到一家影視公司負責記錄片的音樂製作。當時，負責管理他們的是不懂什麼專業的中年人。因此，大家茶餘飯後聊得最多的是他的壞話。大部分內容是他怎麼能夠當上公司主管的？要麼馬屁拍得好，要麼上級瞎了眼等等，談到最後，心裡越來越不平衡，覺得跟著這樣子的主管工作是自己莫大的恥辱，於是，時間長了，工作熱情沒有了，自己逐漸被自己淘汰了。

可見，抱怨對己對人都是不利的。因此，為了不讓這些不協調分子危害整個團隊，主管就會採取必要的措施。

不可否認，生活中，人和人之間的確存在著差距，如果是無法施展才

能和抱負，當然是令人難堪的。可是因此產生怨恨心理，終究吃虧的還是自己。聰明人知道順時而變，待價而沽，只要有真才實學，終究會為賞識，發出光彩的。不過，在被人賞識重用前，為什麼不能心安理得地接受命運的安排，或者自薦於人呢？再者，如果你懷才不遇，不要抱怨，或者在本公司尋求施展能的機會，或者換個環境，找到適合於自己的位置。如果是你自己沒有讓自己的才能發揮的本事，有什麼抱怨的呢？因此，要改變自己這種抱怨的壞習慣，首先需要端正心態。

即便是因為主管的原因引起的，他們的批評確實對你不公也不要太在意，畢竟他們也是有缺陷的普通人，也可能因為太主觀而無法對你做出客觀的判斷，這個時候你應該學會自我肯定。只要你竭盡所能，做到問心無愧你的能力一定會得到提升，你的經驗一定會豐富起來，你的心胸就會變得更加開闊。

另外，要反思自己。作為下屬，你有必要回顧一下一天的工作，捫心自問：「我是否付出了全部精力和智慧？」因為你自己最清楚自己是否已全力以赴，已完成了自己所設定的目標。如果你沒有全力以赴，就把精力用在工作上，那樣你就沒有抱怨的時間了。

提升自己的能力。每個下屬都應該意識到自己與主管的利益是一致的，並且全力以赴努力去工作。只有這樣，才能獲得主管的信任，並最終獲得自己的利益，也會得到工作給自己的最高獎賞。

感恩企業。如果你為一個人工作，如果他付給你薪水，那麼你就應該真誠地稱讚他、感激他。只有以這種心態對待公司，你就會成為一個值得信賴的人，一個主管樂於僱用的人，一個可能成為老闆得力助手的人。

其實，人的一生不可能永遠一帆風順，總會經歷一些風浪。在這些風浪面前，有人退卻了，就這麼平庸一生，甚或開始怨天尤人；當然，也有

人在同樣的環境中脫穎而出，成為了強者。其實，這一切的一切，就在於一念之差。而所謂的一念之差，其實就是一種態度 —— 面對生活、面對工作、面對人生的態度。

當然，每個主管只會保留那些能夠完成任務而沒有任何藉口和抱怨的下屬。因此，為了讓自己不像爛蘋果一樣被剔除，還是把抱怨的時間用來做事業上面吧。

正確看待主管的批評

作為員工，在工作中被主管批評在所難免。因為你和主管看問題的角度不同，對自己的要求也不同。受到批評，可能是自己真的做了錯事，也可能是被別人誤解或誣陷，或者主管不了解情況。不管因為什麼原因被主管批評，都不能一任自己的情緒發洩無餘。

有些員工在遇到主管批評自己時，總是按捺不住自己激動的情緒，只要聽到是批評自己，就要大吵大鬧一頓，像火藥桶一樣一觸即發，這樣既傷害自己的身體也傷害雙方的感情，也不是理智控制情緒的表現。也有些員工因為性格比較內向，把委屈藏在心裡，即便主管批評得不對也不表示，結果自己的情緒同樣受到了影響。這些都不是正確對待批評的方式。

在主管批評自己時，應該遵循下面的原則：

▌認真傾聽

如果主管批評你，不管批評得對不對，都不要打岔，要靜靜地聽完；即使有些話很不好聽，你也要認真地聽。因此，你一定要注意自己的動作、表情，正確的做法是：看著主管，身體稍微前傾，表情要和善，千萬不要讓主管感覺到你不願意聽下去。

感謝主管的教誨

不管主管批評的是不是有道理，作為員工，你至少在口頭上要對主管的這種行為表示充分的肯定。因為他們批評你是從工作的需求出發，希望你能提升自己的工作水準，絲毫不帶有任何主觀成分。如果你了解這些，就應該感謝主管對你的關心。如果你對主管的批評抱有一種成見，認為他們是故意和你過不去，那麼，以後他們不會再批評你，你對自己的缺點也不會充分了解。

當然，也有些心胸狹隘的主管會藉機假公濟私，如果他們的批評是另有目的，你也要表現出應有的禮貌和涵養。這樣做，也會使他感到心虛。

總之，不要明目張膽地和主管叫板，那樣他們會隨便找個理由打擊你。你和主管之間就會產生更深的隔閡和誤解，對於一個員工而言，這是極為不利的。

誘導主管說得更清楚

有個別主管批評人的時候，很難做到就事論事，往往是含糊其辭，或明話暗說，讓你捉摸不透。遇到這種情況，你不能對主管大發牢騷，或者憤怒地指責，應該平心靜氣地考慮一下，盡量誘導他們說出他批評你的理由。

研究證明，這種方法有利於你了解主管的真正動機和事情的真相，從而找到更有效的解決問題的方法，以免當替死鬼。

適當辯解

如果主管批評不當，你可以進行恰當的「辯解」，可是辯解不是亂發脾氣；也不是大砲一樣狂轟濫炸；或者文過飾非，胡攪蠻纏。要建立在以事實為依據的基礎上。否則，如果你對那些細枝末節或無法弄清楚的事情，最好保持緘默。

▌有則改之，無則加勉

對待主管的批評，正確的做法首先，盡可能地平心靜氣，理解主管的評價；抱著「有則改之，無則加勉」的原則，盡量從自己身上找原因。就算自己沒有什麼大的缺點，也可以找個合適的時機與主管談談心，進一步徵求他們對你的意見，誠懇地希望他們給你提出更高的要求。再次，如果有缺點，在今後的生活工作中嚴格要求自己，改正缺點，以自己的積極行動去影響主管對你重新做出評價。

總之，對待批評，要理智看待，千萬不要怒髮衝冠，讓情緒做自己的主人，那樣，在一怒之下很可能會做出讓自己後悔終生的事情。因為彼此的心被傷害或者相互產生隔閡，要想恢復到原來融洽的關係會很難很難。

珍惜工作，快樂工作

生活中沒有人拒絕快樂，每個人都希望每一天都快快樂樂。可是，我們也常常聽到有人抱怨：要是能不上班多好！我就開心了。真的是這樣嗎？如果你感覺不到工作的快樂，請看看英國卡迪夫大學（Cardiff University）的一項研究：失業的人往往很煩悶，患憂鬱症，甚至因此死亡的可能性都要高很多。這是為什麼？

因為在人們的內心，都有顯示自己價值的慾望和心理和情感上的歸屬感。家庭雖然能夠給他們一定的歸屬感，可是如果自己在社會上沒有立足之地，家庭恐怕會認為這樣的人是負擔，是累贅。他們很難從家庭中得到幸福感。再者，人本來就具有社會屬性，需要與他人與社會交流、溝通。而工作還為我們提供了一個非常重要的社會場所，滿足了愛和歸屬的需求。不要小看這一切，許多自閉和失語症患者就是因為缺少組織的歸屬感所造成的。

有一個故事，說的是一群猴子快樂地一起生活，牠們個個都活潑健康。後來，有人把其中一隻猴子抓出來，單獨放在一個地方。這隻猴子離群以後，終日悶悶不樂，不但生活自理能力降低了，而且沒有多久就生病了。

可見，工作不僅能顯示你的價值，而且也可以讓自己的身心融入組織中，有一份穩定感和幸福感。因此，要懂得珍惜工作。只有懂得珍惜工作，你才會發現工作中的樂趣。

其實，工作場合不僅僅只有工作，還有許多樂趣在其中，重要的是我們要去發現這些。

- **工作是為了更快樂的生活**：我們知道，世界上沒有餓著肚子還會快樂的人。有經濟危機的人，快樂的素養絕不會很高。可是工作提升了我們自身和家庭的生活品質，可以使我們享受到生活的美好。難道這一切不是我們最大的欣慰，不值得快樂嗎？
- **工作令我們進步和發展**：雖然任何工作都只能滿足你一部分需求，但是，在這個過程中我們學到了許多專業知識、掌握了為人處世的技巧，為日後的發展打下良好的基礎。這一切，難道不令我們快樂和滿足嗎？
- **工作場合也是多彩多姿的生活場所**：你是否發現，工作場合其實也是一個多姿多彩的生活場所。這裡有不同性格、不同愛好、不同情趣的同事。在這裡，我們可以和優秀的人溝通交流；也可以和情趣相投的人互動，愉悅自己。而且說不定什麼時候，就會有笑話爆出。這時，你會發現，與他們在一起相處，其實是一件很愉快的事情。

明白了這一切，相信你心中的快樂種子就會從此點燃……。

第十章

用你的能力為自己加分

　　有些員工受長期的把公司當做家庭對待的文化浸染，總是對他人特別是對主管期待太多，要求太高，認為他們會時時事事指導自己、保護自己。這種想法是天真幼稚的，也是不實際的。

　　職場畢竟不是家，即便有些主管在年齡上和你有差距，可以做你的長輩，但在工作中不能把他們當成自己的長輩看待，指望他們在你遇到困難時像保姆一樣為你擺平一切。

　　不論在任何組織中，也不論什麼性格、何種類型的主管，都喜愛有能力的員工。我們知道，企業是追求利潤的，要得到主管的認可和賞識，就要有強勢的工作成績作為依託，用能力來證明一切。可想而知，一個「嬰兒型」、完全依賴別人或者必須讓主管告訴他們怎麼做的「被動型」員工主管怎能欣賞，他們只會感到主管這樣的員工壓力太大。

　　因此，每個員工都要在提升能力上下功夫。只有在能力上占有優勢，在主管心裡的位置也就可能占有優勢。

主管不是救世主

　　職場中，有些依賴心理很重的員工總是把主管特別是把自己的主管當成保姆一般，處處要求他們來保護自己。也有些主管，對下屬特別關心，凡事總是親自指示示範一遍，這無疑中更加深了員工的依賴心理。

　　即便這樣，員工也千萬不要別被主管這種表態迷惑，以為他們有義務保護你。如果你這樣想，就大錯特錯了。事實上，主管對下屬的關心，是出於工作目的，是在給予你心理的鼓勵，但絕不是當你的萬能救世主。如果你事事都依賴主管，他們會小看你，也會因為感到為你「滅火救災」太累而遠離你。

　　玲玲在家嬌生慣養，來到化妝品公司後，她發現新調來的主管是個

熱情可親的大媽一樣的人，沒有絲毫架子，因此心理有一種依賴感和放鬆感。

有一次，玲玲患了重感冒，躺在宿舍中沒有絲毫食慾。主管看到了就主動到樓下為她購買可口的食物，並且還抽出時間無微不至地照顧她。玲玲慶幸自己遇到一位比媽媽還好的主管，私下親切地叫她「主管媽媽」。

一次，玲玲要發給客戶的一份電子表格因為電腦不熟趕不出來，她急中生智，想到了找自己的「主管媽媽」幫忙。這位主管知道後，花了通宵的時間將電子表格做好。當玲玲向她表示感謝時，她依然是和善地一笑，說：「沒什麼，以後有麻煩就說一聲，別客氣。」

從這起時，玲玲就開始習慣把自己不懂且趕不出來的任務拿出來一部分，去求助這位樂於助人的主管。起初主管也笑容滿面地幫她解決問題，但時間久了，玲玲感覺到主管看她的眼神越來越疏遠和冷淡。

年底業績考核，玲玲發現自己排在了最後一位。原來，主管認為她角色定位發生了顛倒。自己份內的事，總是讓主管去幫忙，工作價值何在？

玲玲明白這一切後，後悔到家了。

可見，總是等待主管為你解決問題，是一種極為愚蠢的行為！

在職場上，每個員工都需要具備獨立作戰的能力。主管聘用你就是為了解決工作中的問題，而你的薪水也來源於你解決問題的能力。雖然從管理職能上說，主管有幫助和指導你的義務，但是他們可以暫時幫助你解決一些你無法解決的問題，但不可能幫你解決任何問題。企圖讓別人為你製造奇蹟，都是不切實際的幼稚想法。

企業不是幼兒園，主管也不是幼保老師。儘管你在家中是父母的掌上明珠，可是在企業中，人們就會把你當成一個成熟的社會人來看待。如果沒有能力，或者投機取巧，不能把自己專屬的工作做好，那麼，你永遠也

得不到主管的賞識！因為你只有讓主管為你操心，而不是放心。

因此，那些習慣於依賴他人的「小王子」「小公主」們改變自己天真幼稚的看法吧，不要讓主管當你的保姆。那樣有一天你會發現，你已經被列入了遲緩兒的名單。

再者，如果事事依賴主管，自己也得不到鍛鍊和提升。對員工來說，晉升的機會、晉升的大門隨時向你敞開，但前提是必須是你透過出色的工作努力爭取的結果。成功的機會來源於自己不斷地努力。

我們都知道，運動員在訓練時沒有人會讓教練代替自己，如果那樣的話，最後占到領獎臺上的就不會是運動員了。所以，員工一定要盡可能獨立解決自己在工作中遇到的問題，解決不了去尋求指點可以，但是千萬不能將主管當成萬能鑰匙，更不能讓他們為你代勞。這樣就顛倒了主管和部屬的關係。那樣，是任何主管都無法忍受的。

所以，員工自己份內的事要盡量自己做，有困難也要自己闖，只有你在工作中得到了全面的歷練，抓住的機會就越多，成功的可能性就越大！

千萬不能把棘手的事推給主管

現在許多員工出生的家庭條件較好，在社會上得到的歷練很少，因此依賴性很大。他們最大的毛病就是不敢挑戰自己，遇到困難或者棘手的事總是推給主管，他們恨不得永遠待在溫室裡，在主管的護航下去做零風險、零困難的任務，而且還美其名日「聰明」，給主管一個表現高明的舞臺。

果真如此嗎？

小青所在的汽車生產廠要跟一家零零件供應商談判合作事宜，主管決定讓小青作為主談判，全盤負責這個專案。因為小青畢業於機械工程系，對零部件的結構有一定的了解，可以負責對樣品的檢驗工作。

根據公司的計畫，這次給供應商的報價最高價格是 300 萬。但對方的要價高出了 100 萬。這個差價會直接減少公司的利潤空間，應該直接拒絕，堅守底線。

但是小青沒有在會議上堅持主管的意見，他反而提出先去請示主管。對方一看就知道他不是個可以決定的人，在價格方面就更加有恃無恐了，根本不想讓步。無奈之下，小青只好帶著全班人員撤退，去向主管匯報。

他對主管說：「看來，想讓對方將價格降下來並不容易，我說服不了他們。請您親自去洽談。」

主管本來正忙於新專案的基地建設，這樣一來，計畫完全打亂了。白天忙於談判，晚上奔波在工地上。經小青這麼一搞，將主管累得身心疲憊。雖然，最後，在主管的努力下，公司得到了滿意的談判結果，可是，主管對小青的工作能力十分不滿。沒過多久，就找了一個藉口，把他調到外地的分公司去了。

職場之中，很多人雖然頗有才學，但是卻有個致命弱點：缺乏挑戰的勇氣，對不時出現的那些異常困難的工作，不敢主動發起「進攻」，一躲再躲，恨不能避到天涯海角。你們認為：對於那些頗有難度的事情，還是躲遠一些好，這樣最安全。

雖然，在企業的分工中，員工所面對的工作難免會遇到形形色色的困難，有些任務的確不容易完成，甚至失敗的機率很大。但是員工的價值就展現在「執行力」上，就展現在你能否完成任務上。有一線的希望就做百倍的努力，即使無法突破困難，主管也知道你盡力了。這時候，如果總是向主管開口求助，索要條件和支援，那麼主管就會想：「我都替你擺平了，要你何用？」

而且，主管如果總是整天忙著給你創造條件，即便是鋼鐵之軀，他也

會筋疲力盡的。別看主管就是發布指令，用不上親自上陣，但是，他們進行的是高智力的工作，並不比員工輕鬆。

有些員工總認為，主管都是發號施令，如果讓他們親自上陣未必行。因此，在這種心理下，有些人也總愛把棘手的工作推給主管，看他們如何表現？這時候，即便主管能表現出來也不會表現，很明顯，分工不同。在主管是員工時他們已經表現過了。

也許，有的員工會說：「主管交給的任務，本來就不具備完成的條件，或者條件很差，我該怎麼辦，難道能不自量力地打腫臉充胖子嗎？」這種情況的確存在，但是，總向主管提條件的員工，讓主管做自己的防火牆，他在公司的地位是危險的。因為這不符合主管的用人標準。

「職場勇士」與「職場懦夫」，在主管心目中根本無法相提並論。一位老闆描述自己心目中的理想員工時說：「我們所急需的人才，是有奮鬥進取精神，勇於向『不可能完成』的工作挑戰的員工」。如果你是一個「安全專家」，不敢向「不可能完成」的工作挑戰，那麼，永遠不要奢望得到主管的垂青。

再者，總是把困難交給主管的人也是對自己畫地為牢。西方有句名言：「一個人的思想決定一個人的命運。」不敢向高難度的工作挑戰，是對自己潛能的畫地為牢，只能使自己無限的潛能化為有限的成就。終其一生，也只能從事一些平庸的工作。因此，你需要明白，阻礙你在職場上發展的最大的障礙是你面對高難度工作推諉求安的消極心態。因此，當你萬分羨慕那些有著傑出表現的同事時，一定要明白，他們的成功絕不是偶然的。他們之所以得到主管青睞，很大程度上取決於他們勇於挑戰「不可能完成」的工作。正是秉持這一原則，他們才能稅穎而出。

由此可見，勇於向「不可能完成」的工作挑戰的精神，是獲得成功的

基礎。因此，不要總是把主管當做擋箭牌，要勇敢地向困難發起衝鋒。一旦同事和主管都知道，你是一個富有挑戰力的好員工。這樣一來，你就無須再愁得不到他們的認同了。

要具備獨立思考和解決問題的能力

不論在生活還是在工作中，面對難題，人們往往會有逃避心理，甚至會在無形的擔憂與恐懼中擴大問題的難度。

最常見的是，有些員工在主管交辦比較難的工作任務時，表現出一副很為難、很不樂意的樣子。有的甚至直接告訴主管自己完成不了，要不讓其他人配合自己來做。這種逃避難題的工作態度，很不利於員工的發展。員工在拋開難題的同時，也就拋開了本來屬於自己的機會。

很多時候，難題考驗的不僅是解決者的技能與方法，還有面對難題時的心態和態度。正如大學學科能力測驗（學測）需要有很強的心態才能考出高分一樣，工作中的難題，也需要多種能力的配合才能解決。如果失去了主管的幫助，同事的配合，自己就無法解決問題，那就證明缺乏獨立作戰的能力，就不是一個好員工的標準。

總之，工作還是憑本事、靠實力。在競爭激烈的現代職場中，沒有哪一個主管會把員工從默默無聞的平庸狀態中提拔出來，在主管眼前閃動的，大多是那些能力強的員工的影子。員工的工作能力與工作表現是企業的安身立命之本。還有一種情況是，企業的工作只需一個人去完成就可以，多派人手會造成各方面的浪費。如果希望遠在千里之外的企業其他人員來幫忙，可能根本就指望不上。這時候，更需要在第一線的員工自己做出判斷，獨立解決可能發生的各種問題。

要提升自己獨立解決問題的能力，你可以經常問自己：我最近是否幫

助客戶解決了某個問題？是否參與了公司某個重要專案的設計？如果你的回答是肯定的，那麼就繼續加油奮鬥吧；如果你的回答是否定的，那麼你就要加快前進的步伐，提升自己的業務能力；如果你覺得自己無從著手，那麼就從做好手頭的工作和開始吧。

總之，職場的地位操縱在你的手中。要想在職場勝出，就要盡量自己想辦法創造條件，擺平各種困難，少去麻煩主管，這也是為主管分擔的一種表現。這也是你存在的價值。

增強靈活解決問題的能力

很多員工在工作中只懂得服從規章制度、僵硬地執行規章制度，不懂得要靈活地解決問題。沒有絲毫通融的餘地。這樣的員工在主管心目中並不是最好的員工。

有些員工就很會動腦筋，靈活處理問題，達到讓客戶和企業都滿意的目的。

一位外商入住飯店後晚上打了個國際長途電話，結帳時電話費高達5,000 元。外商一看，當場就皺起眉頭：「不可能的！你們算錯了吧？我沒打這麼長時間。」

櫃臺收銀再次核對電腦的記錄，發現電腦記錄上確實是這樣記載的。

「我在其他飯店沒有遇到這麼高的收費。同一個地區，怎麼會有這麼大的差別？」外商堅持不付款。

櫃臺再查的結果是電腦計費單上顯示，客人打電話的時間是從晚上10點至凌晨 6 點。

外商大惑不解：「我的國際長途沒打那麼久啊！」

按說，電腦上有標價，飯店收費照章做事也是應該的。可是，這樣客

人不滿意。於是，飯店櫃臺工作人員經過檢查，終於找到了問題的癥結，原來這位外商沒有將電話放好。看到電腦記錄後，外商只好自認倒楣。

既然是客人沒有放好電話造成的，事情應該到此為止了。可是，看到外商自認倒楣的樣子，值班主管感到對不起客人。他透過工程部了解到飯店剛到電信局申請了計費方式，於是告訴外商一個月後真實的話費發生額可以從電信局的電腦計費單上查出，一旦有消息會馬上通知他。

月底，電信局的話費清單出來了。值得慶幸的是，外商打完電話後，電信局與飯店的通話實際已被切斷，飯店顯示的收費狀態實際上是一個「虛擬」話費。於是，飯店經理通知了外商，他的電話費只有 2,000 元。

可見，能夠在制度和規範之外，提升自己靈活處理問題的能力是多麼重要。這不僅是員工提升素養和水準的需要，而且也是讓客戶滿意，樹立企業良好的形象的契機。這樣的員工，主管怎能不賞識？

因此，在工作中，員工要有意識地鍛鍊自己靈活解決問題的能力。如果遇到特殊情況，自己一個人一時不能解決問題，也要告訴客戶正在尋求幫助解決，這才是對客戶、對工作負責的表現。絕對不能死板教條、自以為是，對客戶的損失置之不理，或者把責任推給顧客，任由問題惡化。

員工有動力，主管才沒壓力

在企業中，主管的反應普遍是累，不是工作累，而是心累，主管員工累。因為員工缺乏主動性，不是投機取巧就是敷衍了事。做出來的工作不能領主管滿意。這樣的員工，主管怎能感到不累。

這樣的員工大有人在，都有這種現象。不少員工常常要等上級吩咐做什麼事，怎麼做之後，才開始工作。這樣的員工沒有半點主觀能動性，他們做不好工作，當然也難以獲得主管的認同。

　　那麼，主管怎樣才能變得輕鬆呢？無非是說員工能幫主管一把，減輕主管的工作量與工作難度。這就相當於主管多了三頭六臂，而你就是這其中的一頭或是一臂。

　　做父母的人可能都有這樣的感受，都希望自己的子女能夠早日自立。如果兒女依賴性強，處處靠父母督促才能自立，父母肯定會感覺很累。同樣，在團隊中，如果員工被動、依賴性強，主管就會感到費心費力。雖然從管理職能上看，主管有義務幫助員工，可是主管本來就工作繁重，如果員工還要事事都要等主管交代，沒有一點主動性，這樣的員工不能為主管分憂，反而會添憂。因此有這種員工的企業與優秀企業間的差距可想而知了。

　　由此可見，要讓主管輕鬆，必須員工主動。

　　比爾蓋茲說：「一個好員工，應該是一個積極主動去做事，積極主動去提升自身技能的人。這樣的員工，不必依靠管理手段去觸發他的主觀能動性。」

　　可見，做一個被主管欣賞的優秀員工，除了把工作做好、會做是遠遠不夠的，最基本的一點就是要做到積極主動，有工作意願（動機），不用主管監督和督促，能自動自發地去完成。這些員工不用督促和監督就能積極地去完成工作，不但在工作的過程中能充分發揮主觀能動性，而且可以用自己的責任感去想盡一切辦法把工作做好，甚至有可能超出主管的期望。這樣的員工當然是主管求之不得的。主管當然會感覺輕鬆許多，萬分欣慰。當然，有這樣員工的企業也會向優秀企業跨越。

　　微軟之所以能在世界企業殘酷的競爭中獨立鰲頭，很關鍵的一點是他們的員工有主動性。不管他是掃地的，還是一個資深程式設計師，都不用等主管交代再去完成工作。他們不僅能把自己的本職工作完成得漂漂亮亮，而且還會經常對主管說：「我還有一個想法能做得更好。」

　　這種主動性就是他們工作的動力。企業因為有了主動自發的員工才具備了不斷超越的競爭力。

　　主動性不僅可以得到主管的欣賞，企業的重用，而且也是最能展現優秀員工與一般員工差異的地方。

　　當過老師的人都有這樣的體會，一個主動學習的學生雖然暫時可能成績比其他同學差一些，但是一旦他們自己有學習的願望，那麼這種積極主動的願望是任何力量也擋不住的。不久，他們就會趕上甚至超越原來優於他們的同學。因為那些同學感到學習是被動的，是為了父母而學，為了老師而學，是不得不學。這就是主動和被動的差別。

　　同樣，在企業中被動的員工占大多數。在他們看來，自己工作就是為企業，為老闆，或者是為了養家餬口，唯一不是為了自己的提升。在這種被動思想的支配下，他們的工作敷衍了事，能對起薪資就行，從來沒有想到過超越，更不會主動多做一些。而主動性強的員工就會很珍惜這個機會，珍惜企業為自己搭建的鍛鍊的平臺，他們感到工作不僅是為企業，更是為了自己的提升。因此，這些員工不但能把工作做好，甚至能超出主管的期望，當然，他們也會很快從那些被動工作的員工中脫穎而出。主管又怎能不倚重他們呢？

　　面對這種情況，那些被動型的員工需要驚醒了，不要以為自己可以長期在企業中被動地不負責任地生存下去。如果凡事都要等到主管交代才去完成，或者交代了也完不成、做不好，毫無疑問，這種人是首先要被企業炒「魷魚」的人。很明顯，你自己可以原地踏步，故步自封，敷衍自己，而企業不能。企業需要進步，絕對不能允許在卑微的工作職位上耗盡終生的精力而毫無成就的人扯後腿。

　　因此，請你記住曾任微軟副總裁的李開復先生的諄諄告誡：「不要再

只是被動地等待別人告訴你應該做什麼，而是應該主動地去了解自己要做什麼，並且仔細地規劃，然後全力以赴地去完成。想想在今天世界上最成功的那些人，有幾個是唯唯諾諾、等人吩咐的人？對待工作，你需要以一個母親對孩子般的責任感和愛心全力投入，不斷努力。果真如此，便沒有什麼目標是不能達到的。」

由此可見，做一個積極主動的員工，不僅是為主管負責，為企業負責，也是在為你自己的人生負責。當然這些道理主管不會對你言明。如果你執迷不悟，頑固不化，就是朽木不可雕了。認識到這一些，那些被動性十足的員工，就從現在開始改變自己吧。

一旦你有了積極主動的心態，就會有積極主動的工作態度，就會有無窮無盡的工作的動力。那樣，不僅能夠減輕主管工作的壓力，而且還可以對主管造成激勵作用。這樣互相激勵，在團隊內就會形成一股上進氛圍，企業在這種氛圍的帶動下也會不斷進步和超越。

抓住表現你的機會，讓主管眼前一亮

在職場中，有些人不願意出頭露面，只管埋頭苦幹，不會主動表現，甚至還看不慣那些總愛表現自己的人。結果，這些人雖然工作可靠，但是也很難得到晉升，因為主管對他們不了解，很難在短時間內從眾多的員工中看見他們的光芒。

有一位行銷專家說過：「如果你具有優異的才能，而沒有把它表現在外，這就如同把貨物藏於倉庫的商人，顧客不知道你的貨品，如何讓他掏腰包？」

工作做得好也許可以獲得加薪，但並不意味著能夠獲得晉升機會。晉升的關鍵在於有多少人知道你的存在和你工作的內容，以及這些知道你的

人在公司中的地位和影響力有多大。

要在主管的心目中留下深刻的印象，就要把自己勤快能幹的一面在主管面前展現出來。如果你總是默默無聞地工作，等著主管來發現你，那麼毫無疑問你走進主管視線的時間也會延後很多。

小戴在一家中型企業做車工。他到這家公司已經 5 年了，論技術，論資歷，都是老員工了。可是他的薪水居然還不如新來的員工。捫心自問，小戴認為不是自己的技術不夠好，也不是和同事相處有問題，就是不願意和主管接觸。

他總認為，一個員工，做好工作比什麼都強，不一定非要在主管面前表現自己。他也總認為，好酒不怕巷子深，自己的技術實力早晚能贏得主管的重視和肯定。但事與願違，公司裡所有的評比活動也都與他無緣。

看到這種情況，有同事建議他去和主管好好聊聊。可是性格使然，他認為那樣不好，想到自賣自誇就渾身不自在，因此更加不敢表現自己。

現代企業中人才濟濟，要做到萬綠叢中一點紅多麼不易？老闆們通常只重視效益。他看到的是所有員工們共同的成績，並不是某個人特殊的貢獻。據調查顯示，在企業中，有近 1/3 的員工的成績根本就沒有引起主管的注意。再說，主管是企業中的關鍵人物，他們有比發現你更重要的事務纏身，哪裡有這麼多時間都去深入基層發掘有亮點的員工。在這種情況下，如果員工總相信「好酒不怕巷子深」無疑於刻舟求劍了。

有人說：「許多人以為只要自己努力，主管就會提拔自己。但如果他們真的想有所作為，我建議他們還是應該學學如何吸引眾人的目光。」如果員工愛表現，就可以及早讓主管發現他的特長。如果員工表達的方式不適當，主管也可以盡早發現，幫助他良性發展。因此，那些「悶嘴葫蘆」們也要學會張開金口，要勇於在主管面前表現自己。千萬不要以為這樣做

時出風頭，過於炫耀。你如果不善於表現自己，可能會讓自己在工作中處於非常被動的位置。那麼，當那些工作能力和你相差無幾的人超越你時，你再憤憤不平也是枉然。

作家黃明堅說：「做完蛋糕要記得裱花。有很多好的蛋糕，就是因為看起來不夠漂亮，所以賣不出去。但是在上面塗滿奶油，裱上美麗的花朵後，人們自然就會喜歡來買。」在工作中，如果你確實能力出眾，也要記得為自己裱上美麗的花朵，那樣，主管自然會眼睛一亮。

也許有些員工會說，我又不是主管的助理、祕書之類人物，也沒有向他們直接匯報的權利和時間，主管如何看到我？正因為如此，你才不要放過任何一個可以在主管面前表現你的機會。

▍電梯中

假如你在電梯之中遇見主管，毫無疑問，你的一分鐘表達將決定著他對你的印象。

有專家說：「所謂『電梯語言藝術』，是當你在電梯裡和主管在一起的一分鐘內，所表達的包羅萬象並能形成行動的一系列的思想和事實。」

雖然在如此短暫的時間中你無法表現自己工作上的才能和取得的業績，但是也應主動向他問好，並表現你的修養與儀態，也許你大方、有禮、自信的形象會在他心中停留較長一段時間。

▍工作餐中

吃工作餐也是你能與主管接觸的機會。因為工作餐相比起坐電梯來說時間相對長一些，因此你應盡量與他接近，搭上幾句話，但不一定是工作。因為主管想借吃飯的時間放鬆一下，因此最好製造輕鬆歡快的氣氛。如果你能用簡單的話語或簡潔的行動使他感到輕鬆，他會很注意你。

▌走廊上

有時，也許主管很忙，你需要跟著他在走廊上從這個辦公室走到另一個辦公室，這時，你就應該十分清楚該如何最大限度利用這個機會。用簡單的詞彙概括匯報自己的工作情況。總之，看到主管在走廊上，你千萬不要僅僅與主管擦肩而過。

▌娛樂場所

在公司以外的各種娛樂場所，也可能遇到自己的主管。此時，你千萬不要擔心主管看到你而躲避，相反要主動迎上去，不失時機地與之問候，如果他需要幫助的話，你可盡力而為。

▌工作中的一切機會

要表現自己不一定都是在最關鍵的時刻，在關鍵的職位取得了非同尋常的業績時，在平時看似不起眼的工作中也有許多表現自己的機會。

比如：新員工到來時熱情歡迎他們，帶領他們熟悉一切工作生活環境等。為他們倒一杯水、提供及時的幫助等，這些也會在主管心目中留下深刻的印象。

當然，如果因為主管工作繁忙，而你又初來乍到、或者時間有限時也可以讓主管身邊的「紅人」幫你來幫你牽線搭橋。

老孫是一位業務能力很強的員工，可是，他剛應徵到一家新公司，主管對他不了解，把重要的任務分配給了老員工，把他暫時「閒置」了起來。

老孫雖然不滿意，可是也無法向主管說明啊！主管忙於跑市場，十天半月都見不上一面。為了改變這種狀況，老孫找到經常和主管接觸的一位銷售員，請她在老闆面前把自己的能力透露一些。

一天下午，主管在考慮拓展市場問題拿不定主意，這位銷售員趁機建議說：「你可跟新來的銷售員老孫商量一下呀，他在這一行做了六年了，可能會有一些好主意。」

主管聽後非常驚訝，一下子對老孫感興趣了。接下來，在與老孫的交流中，主管發現老孫果然有獨到的眼光和敏銳的觀察力，對老孫馬上安排了新任務——負責一個大型客戶的開發。

總之，員工要讓主管發現自己，一要主動地表現自己的強項，二要創造出色的業績，用能力來說話。另外，也需要抓住一切可以表演自己的機會，抓住一次就可能成為主角。

因為，主管的認可程度在一定程度上直接影響著員工價值的展現。透過表現贏得主管的認可，有助於主管們量材施用，也可以讓短暫的人生盡量發揮出最璀璨的光芒。

關鍵時時刻敢去扛

不管從事哪一行業，膽氣都是必要的，關鍵時候就要衝上去。

一般來說，每個企業的發展都會經過幾個關鍵階段，或者是起步時外界的打擊；或者是發展時資金受阻、市場受阻；或者需要和競爭對手在較量中勝出；或者是技術攻堅需要人拿下。這個時刻，是考驗企業生死的時刻，也是考驗老闆和員工的時刻。企業能度過危機，良性發展，離不開這些核心員工在關鍵時刻的貢獻。這些人不僅在某些方面能力超群，而且膽量和勇氣也超人。他們所起的作用是特殊的，在一般人望而生畏的時候，他們往往勇於挺身而出，解決各種難題，或者可以打開工作的新局面……當然，這些人在關鍵時刻能幫助企業轉危為安，也就意味著你和老闆成了休戚與共的共同體了。不僅會成為老闆的左膀右臂，而且還可以給團隊帶

來利益，引領發展與進步。可以說，企業發展與成長的過程，也是他們自身成長和發展的過程。他們自己也能夠得到快速的提升，成為老闆心目中最好的主管候選人之一。

在工作中，經常會有一些高難度、具有挑戰性的工作。有的員工為圖安逸，或者害怕沒有辦成而受到老闆的責備而畏縮不前。不敢擔當也讓自己失去了一次鍛鍊的機會。

艾科卡因為看到老闆們因為推出新產品的難題而憂心，下定了為公司解決難題的決心，想方設法提出點子和創意。

由於艾科卡為公司的難題想出了好的解決方法，他這個剛從學校畢業的大學生很快由見習工程師成為了公司的核心，總部特意把他從費城調派至華盛頓，委任他為地區經理。

正是艾科卡的在關鍵時刻能夠為老闆分憂解難的精神，為他的職場生涯贏得了一次難得的提升機會。

因為主管對員工的期待，不僅在於日常工作中，更在於在關鍵時刻能夠擔當大任，解決難題。俗話說：好鋼用在刀刃上。關鍵時刻，也正是員工對企業、對主管回報的時刻。

也許有人心裡說：企業的事又不是我自己的事。我不做還有別人，我幹麼出頭，做吃力不討好的事？這種想法就阻礙了你的行動。為企業工作也是在歷練自己。困難是最能考驗人的。越是艱難的時候，越能考驗一個人的耐力和能力。如果你沒有勇於擔當的勇氣和魄力，即便是自己的事情需要你去擔當，可能你首先想到的也是退縮，因為你沒有成功的經驗，因此就缺少自信心。

也許有些員工認為天塌下來有主管頂著，自己一個無名小輩，人卑言輕，誰會相信自己呢？許多將軍都是從士兵中產生。在戰場上衝鋒陷陣的

不可能是將軍，他們要行使指揮職能。越是普通士兵越需要具備一流的戰鬥力。分工不同，職能不同。因此，不要猶豫徘徊，要大膽表現自己。當你心裡正有一些想法時，不要猶豫和徘徊，你應該信心十足地說：「我可以表達自己的想法嗎？」「讓我來試一試吧！」「我相信我能做好！」或許那中間只有很少的特質，但也能為公司的發展獻出自己的努力。

在關鍵時刻衝上去需要勇氣和魄力。因此，要在平時就鍛鍊自己這方面的能力。

▌具備適當的冒險精神

一般來說，一個員工希望獲得快速發展，積極進取的冒險精神是必不可少的。

香港靚美服飾集團的老闆蘇永風說：「冒險精神是生命中一項重要的元素，不要將之埋沒，而要適當地運用它，因為你會發現它原來是一項前進的推動力。」企業經營本來就像大海行船一樣，隨時都可能遇到風浪。如果總想在一路順風的平地上奔馳自然不適合商海搏擊。因為缺乏冒險精神的人往往會因為膽怯而被束縛住手腳，因而也比較缺乏主觀能動性，缺乏創新手段。他們也許可以稱之為穩重、謹慎、心思細密，但如果常常拘泥於此，不敢放膽去做，不能果斷地應對各種突發事件，也會讓大好的時機錯過。那樣，就貽誤了企業發展的關鍵階段。因此，很多老闆都把此類前怕狼後怕虎的人從主管候選人的名單中剔除。

▌該出頭時就出頭

雖然說是金子總會發光的，但是如果到人生的最後階段人們才發現你是塊金子，又能發幾天光？因此，千萬不要相信默默無聞地躺在黃土中終有一天會遇到欣賞你的「伯樂」。是千里馬就要做出來。那樣，你會發

現，自己的大膽舉動竟然改變了人生的軌跡。

小羅在一家路橋公司做車輛維修，本來就老實內向的他抱著「凡事都虛心、處處講謙讓」本分做人的原則，在公司裡與同事都是低調相處，更不用說在主管面前去表現。同事匯報工作時都是把功勞說得清清楚楚，但是，小羅一直不敢說出來，當然，也沒人替他說。

一次，一輛大型工程車發生了故障，其他同事都束手無策。小羅把自己的維修構想說出來後，主管很感興趣，馬上就拍板按照小羅說的做。結果，故障排除後，主管表揚小羅說：「沒想到你真厲害，為什麼不早點表現出來呢？把你埋沒了。」

不久，主管就把他調到大型的建築工地做維修組的主管了。那裡有更多更複雜的施工機器和運輸車輛需要維護修理。

這些，都是小羅不曾想到的。他沒想到，自己的一句話竟然改變了自己的命運。

小羅的案例說明，主管不怕勇於出頭的員工，因為這是有能力的證明。因此，當主管在關鍵時刻安排的人員中沒有你，而你的確能勝任時，要大膽地表達自己願意參加的願望。也許這次你不能如願，但是你的大膽表達，會給主管留下深刻的印象，以後的工作中他們會嘗試給你鍛鍊的機會。那些「內向」的員工千萬不要讓自己躲在深閨無人知了。

▋關鍵時表演一點絕活

身處職業賽場的人，要讓自己一戰成名，就要抓住關鍵時刻。主管都賞識關鍵時刻能幫助他們解決實際難題的員工。

這些關鍵時刻大多是企業面臨危機考驗的時刻，只要你願意，就能成為你表演的舞臺。比如：當企業要被客戶拖欠的貨款壓垮的時候，銷售員

就應當仁不讓，設法催要貨款。如果你具備談判能力，當企業在貿易談判中處於不利地位時，就是發揮你才能的時刻。因此，一有機會出現，就會不毫不猶豫地衝向賽場並且不辱使命。

　　總之，凡是高難度的工作都是留給那些有能力、會表現的員工，讓他們一戰成名。因此，一個聰明的下屬要善於利用自己的優勢，牢牢抓住機遇。如果你具備解決問題的能力，但是卻缺乏勇氣和魄力，每到關鍵時刻就猶豫不決，那麼，就等於把機會拱手送人，浪費了大好時機。那麼，一旦別人當了英雄，留給你的就只有自責和嫉妒。

第十一章

打破自私的狹小格局，樹立全局意識

許多老闆一股獨大的現狀下，使得很多員工缺乏主角心態，他們感覺自己在企業中就是匆匆的過客，只要不影響薪資獎金，工作上投入越少越好。因此，表現在工作中就是凡事只為自己考慮，沒有大局意識；見好處就爭，見利益就搶；能少做就少做，對臨時性的額外工作，更是想方設法推託；但是在報酬上卻斤斤計較……。

這些行為短期看起來可能於己有利，但從長遠來看其實妨礙的是自己的發展。這些人不明白，雖然是給老闆工作但也是在做自己喜愛的事業，也是在歷練自己。一旦在工作中養成了這種過於自私短視的習慣，絕對成就不了一番大事業。

主管最討厭自私自利的下屬

在現代企業裡，什麼樣的員工都有，其中也不乏過於自私自利的員工。這些員工最明顯的表現就是過於注重個人利益得失，做任何事都是以自我為中心，不能夠從公司大局出發，缺乏團隊合作精神。與同事相處也表現的過於精明，而不顧及旁人的感受。

一般來說，自私型員工大多具有以下特徵：

- **短視型**：大凡自私自利的人也都是極為短視的。他們只顧眼前利益，沒有長遠考慮。他們眼界窄小，目光短淺，行為無常，也不是可以和企業同甘共苦的人。企業困難時他們會拋棄企業，企業發展時他們會首先想到滿足自己的私利，而不是為了企業長期發展考慮。

- **有奶便是娘型**：還有一種人是「勢利眼型」。為了達到自己的目的，看風使舵。誰的勢力強，他們就跟誰。誰能讓他們的眼前利益得到滿足，誰就是他們的「娘」。

- **要挾主管**：如果這些員工是核心員工，他們會以此為條件在主管面前斤斤計較，一旦達不到他們的要求，就會以辭職相要挾。
- **賣主求榮**：最氣的是，有些員工為了一時的高額厚利的引誘會置人格於不顧，做出賣主求榮的事情。
- **隱蔽性**：大凡自私的人，他們的私心總是被漂亮的外衣包裹著，因為自私者本人也意識到了這樣做動機不純。比如：明明是多吃多占，卻說是工作需要；明明是損人利己，卻說是替他人著想。正因為自私具有如此的隱蔽性，所以在日常生活中，有些人會被他們的花言巧語所矇騙。

當然，我們所說的也並不是說自私的員工就一無事處，但是公司的利益和個人的利益本來就是對立的，如果不顧公司的利益，處處要爭取個人利益的最大化，那麼，最終公司的利益也會受到損失。如果一個主管的手下都是自私自利的員工，就沒有團隊凝聚力，肯定是一片散沙，也談不上公司的發展。因此，這樣的員工，一般情況下很難讓企業接受。

曾有這樣一名員工，做任何事首先從個人利益考慮。一次公司舉辦的商場招商活動萬事俱備，但是就在即將實施前，這名員工卻退出活動，因為他得知自己要去的地區在山區，而且交通不便還需要走山路，可是出差預算竟然還比不上去市區的同事，於是退出了。

最後由於他的個人行為導致活動失敗，公司損失大。更讓公司生氣的是，事後他居然沒有任何慚愧，認為自己想不想做是自己的事，而與公司無關。試想，這樣的員工哪家企業會歡迎？

也許有人會說，自私是人的本性，即便是過分也談不上影響企業整體的發展？一個人的力量能有這麼強大嗎？

俗話說：「近朱者赤近墨者黑。」這些自私的員工的個人行為會直接影響其他員工在企業的團隊行為、思想的統一、制度的執行、公司策略的實施等。我們都知道，現代企業的競爭就是人才的競爭，如果企業中充滿了自私自利的員工，誰都是一事當前，先考慮自己的利益。在這種情況下，何談努力工作，企業怎麼可能不會有太大的發展。

因此，我們要認識到，員工只有把自己的利益建立在公司的利益得到滿足的基礎上，公司得到發展自己的利益才能有保障。這樣的員工才具備大局觀，才是主管最欣賞的。

狹小的格局注定是盆景人生

自私的人大多是格局小的人，他們一般眼光比較短淺，凡事只打自己的小算盤，直盯著鼻子尖下面的蠅頭小利。因為他們的視野過於狹窄，境界也太低，這種盆景式的格局，束縛了他們的發展，注定了沒有大格局。

古代，有位國君要從兩位聰明的大臣中選擇一人擔當宰相。可是，兩個人的才華難分伯仲，於是，國君給他們出了一道難題：兩人分別在城郊建一座宅子，先建完的人可以擁有這座宅子。

接到任務之後，兩人便開始了宅子的建造。其中一個人自私地想：只要我日夜趕工就能先建完，那麼宅子必定是我的。於是，他找來最好的工匠，用豪華時尚的材料，開始日夜趕工，很快宅子就建成了。這個人看著這座金碧輝煌的宅子，想像著自己住在裡面的情形，樂得合不攏嘴。

與此同時，另一個人找來很有經驗的工匠，用了一些結實耐用的原材料，也如期完工了。

當兩人同時面見國君時，國君帶著眾臣先去看了那個豪華漂亮的的宅子，只見宅子金碧輝煌，國君滿意地說：「你竟然能在這麼短的時間建造

出這麼優質的宅子，真是很有能力啊！」那個人聽了暗自高興，心想：看來國君要將宅子賜給我了。

接著國君和眾臣去看了第二座宅子，一走進去就看見一群孩子在學習，國君很驚訝。這個大臣急忙解釋說：「多年戰亂耽誤了孩子們學習的時間，因此我一開始就按著學府的規模建造。請陛下治罪。」

國君聽後深受感動，對眾臣說：「這個人就是我朝的宰相了。」

第一位大臣聽後不解地問：「陛下為什麼選他？」

國君說：「宰相必須要有胸懷天下的心，而你卻只為自己考慮，即使有才能也只是庸人罷了。」

由此可見，自私限定了成功的格局。故事中那個自私的大臣因為對自己可以獲得的利益過於看重，而忘記了要為百姓考慮的使命，最後失去了國君對自己的信任。他沒有想到，自己的利益時建立在讓更多的人獲得更多的利益的基礎上。這就是一種極為狹小的格局。如果企業中有這種員工，主管也不會對他委以重任。因為他們一旦掌權，首先想到的就是為自己謀取私利。

歷史上，凡是能成就一番事業的人都是有大胸襟、大視野、大格局的人，他們看到的不是一己之私利，而是更廣大的大眾利益。他們更懂得，只有讓這些人的利益得到滿足，自己的利益也才能得到滿足。因此，即便他們擁有一定的個人利益時也不會獨享獨吞，而是讓眾人受益。

明朝的開國皇帝朱元璋，參加農夫起義軍，表現得很勇敢，被提升為軍官。當時，他得到了很多戰利品，可是，他並沒有一個人快活地享受，也沒有挑三揀四地先獨吞，而是把這些戰利品，不管是金銀、衣服還是牲口糧食，全部交給元帥。不但如此，朱元璋又說功勞是大夥的，要把這些戰利品公平分給一同打仗的戰友。

　　朱元璋這種不圖私利、淡泊眼前利益的氣度和胸懷不僅得到了元帥的賞識，很快在軍中也有了聲望。因為他大方，有見識，講義氣。就這樣在好人緣的支持和擁護下，朱元璋一步步得到了提升，最後有機會成為農夫起義軍領袖，繼而掌控天下。

　　因為朱元璋把目光放在整個天下，因為他明白打天下需要眾人的擁護，需要讓眾人的利益先得到滿足，暫時的失去是為了長久的擁有，所以他才能得到全天下。這就是視野的不同。

　　因此，要想在職場中勝出，就要考慮同事的利益、團隊的利益，主管的利益，企業的利益，而不能只是考慮自己一個人的利益，囿於個人的狹小天地中。那樣不是成大事的格局，儘管有能力但是缺少胸懷，主管也不會對你委以重任。不明白這個道理，你就永遠得不到眾人的支持，永遠無法做出一番大事業。

貪圖小便宜會影響自己的前程

　　在企業中，貪圖小便宜的員工不在少數，特別是在大企業中。在這些員工看來，企業家大業大，自己占得便宜才是多麼一點啊！簡直是滄海一粟，不會影響什麼。

　　在那些效益好的企業中，很多員工往往在報上支出預算後，就開始隨意消費，買任何物品都挑選最貴的，都選擇自己平時不捨得購買的。他們認為反正支出都是公司買單，自己盡可以無所顧忌。這就是占公司便宜的明顯表現。

　　實際上公司對你如何使用財產十分關心，特別是預算單這樣永久性的記錄，它證明著你對公司是否忠誠。如果你較同事而言支出是較高的，或者是把公司的財產用在了自己生活上的支出上，那麼你的名字就自然進入

了公司下一步要淘汰的黑名單之列。

有些業務員認為，我一個人出差在外，花費多少沒有人知道，即便是吃客戶的回扣也是神不知鬼不覺地，這種占便宜沒有人會知道。

這樣想也是錯誤的。公司的財務部門就是把關的。雖然他們短期內可能看不出你的錯誤，但是時間一長，你放鬆了警惕，占便宜的胃口大開時，事情也就暴露了。

一位銷售主管負責大城市的市場推廣，就是用多報差旅費的辦法來占便宜。久而久之，總務發現他的差旅費過高後告訴了老闆。

於是，老闆想了一個辦法，在一次宴請他吃飯時問了一句話：「你說，在企業中老闆聰明還是員工聰明？」

就這一句話，銷售主管馬上明白了是什麼意思，他乖乖地把自己多報的差旅費都如數還給了公司。可是，即便這樣，他的形象畢竟受到了影響，他自己請求辭掉銷售主管的職務。

俗話說，占小便宜吃大虧，這句話很有道理。因為自私的人常常被私慾矇蔽雙眼，從來不會換位思考，總認為他人比不上自己聰明，總認為自己的行為不會被他人發現，其結果往往只是掩耳盜鈴，得不償失。

可能有些人認為我和某位主管關係好，即便占公司的便宜其他人也奈何不了，這樣想也是錯誤的。

某企業一位老員工負責採購工作，他和經理是親戚，每次在食品進貨時都會多多少少給自己家中留出一部分。他認為企業是親戚的，自己占親戚的便宜與眾人無關。但是，員工們不這樣看待。他們認為企業發展是所有員工共同努力的結果。他占企業的便宜就是讓所有員工的利益受損。因此，忍無可忍的員工告訴了老闆。

老闆一怒之下把這位老員工開除了。他臨走時，老闆語重心長地對他

說：「你生活上有困難我可以照顧你。但你不應該一而再地這樣做。你這樣做，員工們會怎樣看我？是我縱容你這樣嗎？再說，企業的發展也離不開員工的貢獻。你這樣做就是損害他們的利益。」這位只想占小便宜的老員工沒想到吃了大虧。

不論在企業還是在企業中，公司都不是老闆一個人的。雖然他在股權配置上可能占有的比例高，但是，企業的發展是全體員工的貢獻。離開員工，老闆一個人玩不轉。因此，不管你和老闆的關係如何要好，哪怕你是老闆身邊的紅人，也不能目中無人，企業的便宜想占就占。否則犯了眾忌，同樣會被老闆踢出。因為沒有一個老闆會因為一名員工而得罪其他所有員工。

企業就是群體，就是團體，在這個團隊中，對於一個有發展前途的員工來說，不僅需要有能力，能擔當，還需要有視野、有胸懷，有成就大事業的大格局，把自己的聰明才智奉獻到工作上。讓企業獲得發展，自己的利益才能得到長久的滿足，這才是正當的途徑。如果試圖透過損害企業的利益讓自己的腰包先鼓起來，也許這種企圖可以短暫得逞，但是最終會損害個人的聲譽，限制個人事業發展的平臺。因為這樣損公肥私的人不會得到主管和同事的認可，更不會得到他人與之合作。最後，是否能夠成就事業，成就什麼樣的事業的分水嶺也就昭然若揭。

深謀全局，發展空間才大

有一則寓言：耳朵說，沒有我，人就會變成聾子；眼睛說，沒有我，人就會變成瞎子；大腦說，沒有我，人就會變成呆子。就在它們為了說明「我最重要」而爭論不休的時候，上帝毫不客氣地說：哼！離開了人的身體，你們什麼都不是。

其實，耳、眼、腦說的都是事實。但它們錯了。它們錯在只見局部不見全局，只見樹木不見森林。

類似耳、眼、腦的錯誤，在現實生活中比比皆是。在職場中，也有一些不顧大局的「小心眼」員工。他們明顯的表現是，在部門內部，似乎不顧及他人，只考慮自己的利益；如果在團隊中，他們會只考慮本部門的利益，不考慮團隊的利益。這種嚴重的個人主義和本位思想就是私心嚴重的證明。他們不僅會嚴重傷害全局性的策略，最終也會傷及局部自身。因為「皮之不存，毛將焉附」？

企業是一個整體，員工既然加入到企業中就應該具有大局意識。大局意識是一種總體意識，它是每一位員工應該具備的組織觀念和職業意識。員工要把工作正確地落實到位，沒有高度自覺的大局意識是不可能的，因此，識大體顧大局的員工往往是主管最為欣賞的。

在企業中，那些能夠與企業同甘共苦的員工也充分說明了他們的胸中有企業。因此，主管們對於這樣的員工也會深表感激，在以後的工作中也會更多地給予他們施展才華的空間，讓他們擔當一些重要責任。

當然，全局有也有不同的層次。就像全國是大局，各個縣市則是局部一樣，大局可以分為若干不同層次。層次不同的大局其地位和作用是不同的。大局的層次越高，其地位和作用就越加重要。在企業內部，各班組、部門相對於企業來說，就是不同層次的大局。在企業外部，企業相對於社會個組織來說，就是局部。這時候，企業的老闆對於社會來說就是員工，因為他也是社會中的一員。因此這種時候，企業就要服從社會需要這個大局。

每一個人的生存都離不開群體，離不開社會，如果只考慮自己的利益，最終自己的利益也不一定能得到。因為這種價值觀本身就不會得到他人和社會的認可。

全局和局部既是對立又是統一的。因此，我們的每一項工作必須牢固樹立全局觀念，在個人利益和部門利益發生衝突時，在部門利益和企業全局的利益發生衝突時，要以大局為重，應該把各個地區、各個部門、各個公司乃至每個人所從事的工作做好，為全局這座大廈盡點心力。

培養大局意識是一項「系統工程」，需要做多方面的工作，其中重要的是以下幾點：

- **了解大局**：要樹立大局意識，首先需要了解大局。一般來說，實體性大局是看得見、摸得著的，如公司在一個時期的總任務等。虛體性大局指的是一種思想或路線，它是無形的，但卻是無時無處不在的。

 而要了解大局，就不能只是埋頭於個人的狹小空間中，就要走出來，多關心一下企業當前的工作任務是什麼，為完成這個中心任務所制定的方針政策是什麼，以及企業目前面臨的形勢是什麼等。總之，要把「上頭」的精神吃透。心中有「數」，才能樹立起大局意識。

- **服從大局**：服從大局，就是要正確處理個人利益和群體利益的關係，做到以群體利益為重。個人利益是群體利益的出發點和歸宿，對群體利益的維護，也是為了更好地保障個人利益。只有群體利益得到保證，個人的價值才能得到充分展現。

 服從大局，還需要正確處理局部利益和全局利益的關係，做到以全局利益為重。有些部門的員工有好處的事爭著做，沒有好處的事敷衍推託，拖拖拉拉，效率低下。這就是片面強調局部或部分利益的明顯表現，忽視了對全局應盡的義務。如果企業的每個部門都只考慮該部門的利益，企業整體的利益肯定受到損失。

 因此，要明白這樣一個道理，沒有全局的發展，局部的發展就無從談起；即便局部一時利益得到滿足也會是短暫的。只有全局發展了，反過

來才會影響帶動局部的發展。在這種情況下，局部的犧牲只是暫時的。

■ **克服本位主義和團體主義：**只顧局部利益，不顧全局利益，這舊是小團體主義或本位主義。小團體主義實質上是極端狹隘的個人主義，它的蔓延會渙散人心。試想，如果人們想問題、做事情總是從一己之利出發，彼此排斥，互不相讓，就不利於團結，就會影響工作的正常開展，更談不上有所創造，有所貢獻。

克服小團體主義的根本辦法，就是要樹立大局意識，更多地關心企業的全面、協調、可持續發展。畢竟，每個員工對企業的貢獻才是企業發展和進步的基本保障。企業發展了，員工的職業生涯也會得到發展和提升。

講大局，不是空泛的表態，而應該是實實在在的行動。因而，員工在觀察問題、處理工作時，絕不能只埋頭於具體事務，而應該與企業發展的大局連繫起來，善於站在大局的高度思考、謀劃、運籌和行動。這樣，才能和主管步調一致，才能視野開闊，才能高屋建瓴地做好各項工作。一個胸有大局的員工才具備了當主管的最基本素養，因為他跳出了自我的狹小空間。這樣，他在工作中才能得到主管的欣賞和團隊的支持和配合。

可以做一些份外的工作

職場中，很多員工認為，只要把自己的本職工作做好就行了，對於老闆安排的額外工作，不是抱怨，就是不主動去做。自己不忙時，看著別人忙的手忙腳亂也作壁上觀。在他們看來，這些人太笨了，忙是活該。如果一個組織存在這種思想，那麼這個組織就很危險，其凝聚力、戰鬥力就會大打折扣。這樣的員工，自然不會獲得升遷加薪的機會。

這是一個強調團隊精神的時代，公司的成功不是靠某一位明星，而是靠整個團隊。團隊成員需要合作，也需要互相幫助。一名員工不忙對，要主動幫助別人，這就是團隊精神。

世界上那些優秀企業、百年真正千年老店，之所以能夠像長青樹一樣具有頑強的生命力就是因為他們的員工具有團隊意識，都善於合作，在他人需要時能夠主動伸出救援的手去幫助他們。在他們看來，自己所做的每一項工作都不是為了某個人，而是為了整個企業。

在麥當勞，如果沒人掃地，店長就會去掃地，也會幫人點餐。如果在窗口前有一隊排得很長，其他隊人很少，負責上菜的服務員也會主動告知客人：這邊的客人少，請到這邊來。正是因為每個員工的心目中都有主動做一些份外工作的意識，因此才保證了麥當勞的快速服務。

也許有些員工會說：「每個人都有自己的本職工作，我為什麼要去幫助別人呢？」

當然，員工完成自己的本職工作是在社會生存、在公司立足的大前提。可是，公司的職責劃分是為了讓員工保質保量地完成工作，但並不是死板的。如果你完成了自己的工作，或者在不影響自己工作的前提下，你看到其他員工需要幫助，為什麼不向他們伸出援助的手，做一些自己本職工作之外的事呢？再者，職責規定的再詳細也不可能都包羅萬象，畢竟，工作職位是固定的，而工作卻是隨時發生變化的。有些工作就是模糊的，沒有那麼清楚的界限。任何一家企業都會有一些需要整個團隊才能做好的事情，這是一個團隊的本職工作，沒有辦法細分到個人。如果每個人都說這不是我的職責，這樣的工作誰來完成？

假如公司一位重要的客戶深夜要過來，可是，業務員都外出了，因此公司讓做行政的你去接客戶。如果此時你說：「憑什麼要我去？我已經下

班了，已經完成了自己的份內工作，為什麼還要做這些？」如果你這樣子去計較，主管會怎樣想？你在主管的心目中一定會大打折扣。主管會認為你太斤斤計較了，也太自私了，甚至一氣之下會炒你魷魚。

在柯金斯擔任福特汽車公司總經理時，一天晚上，公司裡因有十分緊急的事，需要全體員工協助。不料，一位下屬卻傲慢地說：「這不是我的工作，我不做！我的工作已經完成了。」聽了這話，柯金斯憤怒了，但他仍平靜地說：「既然這件事不是你的份內的事，那就請你另謀高就吧！」

因此，作為一個好員工，僅僅完成自己的份內工作是遠遠不夠的。企業的各種工作本身就是互為關聯的，只有員工們互相幫助、互相合作，整體的工作才能配合好，開展好。如果你只能做好分內工作，忽略他人，憑什麼主管會賞識你，器重你，提拔你？

主管最器重的是具有團隊意識的人。一個沒有團隊意識的員工只會單打獨鬥。而企業是一場職業籃球賽，需要各個職位員工的密切配合。如果只是一個人表演，不會幫助他人，會大大削弱團隊的戰鬥力。因此，千萬不要認為多做一些額外的工作只有益於公司、有益於老闆。從個人成長的角度來看，多做額外的工作也是一種勤奮的態度。如果你想成就一番事業，離得開勤奮嗎？有時，就是這些分外的工作，會讓你擁有更多的表演舞臺，讓你把自己的才華適地表現出來，引起別人的注意。

美國出版商喬治 12 歲時，便到費城一家書店當營業員，他常常積極主動地做一些分外事。他說：「我並不僅僅只做我分內的工作，而是努力去做我力所能及的一切工作，並且是一心一意地去做。我想讓老闆承認，我是一個比他想像中更加有用的人。」

如果你能像喬治一樣有這種思想，認為這些都是為了企業，並且毫無怨言地去做，主管肯定會非常地感激你，他即使當時不說，也會利用另外

的機會表揚你，獎勵你、回報你。

當卡洛剛去杜蘭特公司上班時，他注意到，當員工下班後，老闆仍然留在辦公室內。他想到老闆工作到這麼晚，有可能需要有人幫忙查找資料或提供別的需要，於是，主動留下來，以便像祕書一樣隨時給老闆提供協助。

漸漸地，老闆發現，當他需要幫忙時，卡洛正隨時等待替他提供任何服務。於是，老闆養成了有事就叫卡洛的習慣。後來，老闆與卡洛的關係更加融洽，他也更器重卡洛了。

由此可見，能夠主動幫助別人，做一些份外工作，不僅說明你有積極的工作態度和良好的團隊意識，令你意想不到的是，額外的工作可以為你帶來更多的機會，讓你獲得額外的成功。

就像洛克斐勒所說：「我們努力工作的最高報報酬，不在於我們所獲得的，而在於我們會因此成為什麼。」如果你想成為有一番作為的人，就把這些份外工作會看成歷練自己的最好場所吧。這些工作可以讓你學到一些跨界的知識和能力，說不定在那天你就會派上用場。

主動做別人不願做的「苦差事」

在職場中，有些工作是每個人都不想做的「討厭的工作」，或者說是費力不討好的工作。大家對這樣的「苦差事」都是唯恐避之不及的態度，每個人都在心裡暗自祈禱這種苦差事千萬可別降臨到自己的頭上。

在這種情況下，如果你主動去做這些沒有人願意做的工作會如何呢？確實費力不討好嗎？如果你認為做別人不願做的事就會吃虧，因而地排斥這個苦差事，那你就和其他人一樣，永遠也不可能脫穎而出。相反，如果你主動請纓，即便物質上沒有什麼額外的收益，可是卻能改變主管對你的印象。有時候甚至還會讓主管對你心存感激：「多虧了你的暗中幫忙！」

只是，有時候，可能這種感激他們不一定都會在眾人面前表露出來。

曉航是一所私立大學的教師。每年酷暑難耐的季節，學校都有一些招生任務需要完成。

對於校長來說，招生是最難以分配的差事。因為這個季節，學校放暑假，老師們都想放鬆一下。因此，每次選老師去招生時，老師們總是找藉口推辭，至於一些偏僻貧窮的地方更是沒人肯去。

曉航來這裡半年後，就趕到招生季節。儘管校長再三動員教師們參加招生，響應者寥寥，校長很尷尬。

看到這種情況，曉航決心為學校分憂。於是，帶頭報了名。在選擇劃分區域時，他主動選擇了偏僻地區。

在酷暑難耐的夏季，這些地方的高溫烤的曉航幾乎想暈倒。而且有些地方交通不便還需要步行。可是，這些情況他都克服了。想到能讓這些貧困地區的學生夢，曉航就激動萬分。他積極幫助學生填報志願，向學生解說招生形勢。

看到曉航這種不辭辛苦的態度，其他老師也被感動了。在曉航的帶動下，其他地方的招生工作也如火如荼地開展起來。就這樣，透過曉航一個暑假的積極奔波，不僅為學校解決了招生問題，而且使那些怕吃苦的老師也得到了鍛鍊，改變了自己的觀念。

這下，校長大喜過望，第二年就讓曉航負責全部的招生工作。

在企業中，像曉航這種敢挑重擔不談條件，沒有條件創造條件，無論如何都要把工作做好的員工，當然是主管眼中最值得信賴的棟梁之才。因為此時，正是需要員工為主管分憂的時刻。有主動站出來攬下苦差事的員工，主管也臉上有光；而且在他們的帶動下，其他員工也會改變自己拈輕怕重的觀念。可想而知，主管對他們的好感怎能不大大增加呢？

　　有時，有些員工之所以遠離「苦差事」，一是擔心做錯事，受主管責怪，二擔心主動做這些會被人認為是拍主管馬屁，因此，即使他們明白做「苦差事」的重要性，也會消極應對，視而不見。其實，這種擔心毫無必要。在主管需要你分憂的時候你能站出來，會讓他們看到你的責任感。哪怕你做得不好，他也會讚賞你的積極態度，不會對你有絲毫責怪。

　　至於同事們是否會因此看輕自己更不值得擔心。在主管需要分憂的時候作壁上觀才是不負責任的態度，因此，完全不必理會他們的譏諷。相反，等你工作做好了，這些人也會受益。到那時候，他們會是第一個讚美你的人。

　　當然，做這種苦差事需要有相對的心理準備。因為這一類的工作，大部分是吃力不討好的。有時，即使你付出了全部的心力，也不一定能達到效果，更不能指望「得勝回朝」。但是，這也是表現你責任感的大好機會，而且「塞翁失馬，焉知非福。」從眼前看或許所有的努力都是徒勞無功的，但日後說不定就會有意外的收穫。如果你能夠主動接受別人所不願意接受的工作，勇於挑戰高難度工作，並能夠克服艱苦，你的境界和胸懷首先就領主管刮目相看。所以，碰到這樣自我表現的機會時，要心存感謝才對。

　　從自身成長來看，肯於做一些苦差事，也是人生閱歷的豐富和自身素養的一種磨練。也許你曾經抱怨自己目前的工作，可是，接手了一些苦差事後，你才會更加珍惜自己目前的工作，才知道苦盡甘來的樂趣。因此，千萬不要小看這種苦差事為你帶來的精神上的收穫。如果你唯恐自己吃虧而跟著大家一起推卸，那等於是把鍛鍊自己的機會往外推。

第十二章
向主管學習，培養你的領導力

　　向主管學習不僅是因為他們是主管，而是因為他們優秀。主管之所以值得員工學習就表現在他們具備了如何激勵他人自願地在組織中做出卓越成就的能力。俗話說：「一頭綿羊帶領一群獅子，敵不過一頭獅子帶領的一群綿羊」。這句話充分說明了領導者對於組織的重要性。

　　雖然說不一定每一位員工都適合當主管，但是在市場競爭日趨激烈的今天，員工是否具有較強的組織領導力也是相當重要的。因為領導力是組織成長、變革和再生的關鍵因素之一。否則，一個人即使很聰明，很有才幹，但是如果缺乏領導力，他的職業發展也會受到很大的限制，也不可能擔當起企業所要求的重任。

　　雖然領導力並不是每位員工都具有的，需要一些潛力，但是，領導者所具備的某些因素，是可以透過培養獲得的。正因此，每位員工都要透過自己的努力學習，全面提升自己的素養，完成從獨立貢獻者到團隊領頭羊的跨越，這是現代企業發展的需要。

員工也需要領導力

　　在很多員工看來，領導力就是主管才應該具備的。這種想法其實是很不合時宜的，不是與時俱進的。在公司中，老闆和領導者對員工的期望並不是讓他們成為單打獨鬥的英雄，而是有一天讓員工成為領導者，成為一頭具有領導力的勇猛善戰的「獅子」。因為團隊需要具有一定領導力的人來帶帶他們、影響他們。那樣的話，即便他帶領一群綿羊，同樣能夠戰無不勝，攻無不克。

　　在這一點上，殼牌（Shell plc）公司的應徵過程一直是本著「發現未來的老闆」的態度進行的。殼牌希望招到的人才具有較強的組織領導力，將來能管理公司，帶領殼牌走向更大的輝煌。

特別是在當今全球競爭日益加劇的時代裡，組織領導力缺乏已經成為了一個全球性問題。不僅僅是殼牌，對於培養組織領導力，很多企業不僅非常重視，而且都在身體力行地進行著。強生公司在考核員工的時候，也有一套固定的「領導力標準」，並以此來考核員工的能力。柯達（Kodak）為了保持行業領袖地位，要求經理級人員必須具備9種領導力特質。因為企業需要做強做大，需要基業長青，需要有堅強有力的主管，帶領團隊去征服一切困難，而主管就需要從具備領導力的員工中產生。

這一點，不僅國外的企業重視，企業也把培養員工的領導力問題提升到重要日程。

退一步說，即便具備領導力的員工不一定都能成為主管，但是，也具備了企業發展需要的素養，具備了能夠擔當重任的條件。這是基於領導力的特質而決定的。

一般來說，領導力的特質有以下幾方面：

- **恪守公司的價值觀**：只有認同企業核心價值觀、能夠符合企業要求的人，才是企業賴以生存之本。如果你認同組織的價值觀，深刻理解企業的使命，就會自然地產生奮鬥的動力，這就是一種優秀的領導力。
- **洞悉全局的能力**：看問題做事情能夠從全局考慮什麼對公司有利。
- **激勵能力**：面對挑戰，要自信，能在關鍵時刻鼓舞眾人的士氣，讓每個員工都熱血沸騰。
- **抗壓能力**：把自己和團隊鑄造成鋼架，能經受各種艱難困苦的考驗。即使面對失敗也毫不氣餒，能夠東山再起。
- **人際社交能力**：領導者的工作重點是管人，而非管事。因此，不論在企業內部還是外部，主管必須樹立為大多數人所認同的價值觀、人生觀和管理觀，正確處理各級人際關係，那麼別人才會追隨你，與你一

起成長和發展。

- **調控能力**：像大師在指揮樂隊一樣具有調控能力，讓團隊中的各種力量能剛柔結合，明暗交錯，把大家編成一條繩。

- **溝通能力**：能熟知客戶、市場和競爭對手等外部環境，能自由、開放地和投資者、客戶、員工、以及政府機關、社會團體等溝通有關業務成長的重要資訊。

- **靈活應對變化能力**：能夠靈活地應對不斷變化的新問題、新局面。當外界環境發生變化時，組織也要相應地變化以適應環境。這些變化包括應對環境的變化；應對企業策略的變化；應對其他人的思維觀念和能力的變化。只有換個方式來思考，靈活應對變化，才能全面掌握事態的發展，提升自己的影響力。

- **提升專長的能力**：提升專長是獲得領導力的有效手段。一個有專長的主管，無疑比沒有專長的主管更具有領導力。因為這樣才可以給其他人提供工作指導、傳授工作方法，才能展示自己的主管能力。

- **創新能力**：不斷尋找新的機會推動業務成長。我們都知道「不想當元帥的士兵不是好士兵」，任何一個人，都不能把自己永遠地定位於員工，而是有更高的追求，有大視野、大胸懷、大境界，把自己的個人目標與企業的目標統一起來，培養自己的領導力。因為，領導力並不是擁有超凡能力的少數幾個領袖型人物的專利，主管是每個人的事。只有像主管一樣思考，你才會主動去考慮企業的成長，知道什麼是自己應該去做的，什麼是自己不應該做的。否則，你就會得過且過，不負責任，不會得到主管的認同和器重，也將難逃基層員工的命運。

要培養領導力，我們首先要在自己身上找到主管的潛力，並學習各種主管行為，在工作中主動培養自己這方面的能力。比如：

- **主動性**：執行群體工作中爭取主動。

- **創新性**：嘗試從不同的角度看問題，在工作範圍之外是否能提出一些有益於同事和整個組織的，大膽的、有建設性的建議；以求提出更好的解決方案。

- **團隊整合能力**：是否具備能把各人的目標、行為、成果都整合起來的能力是做主管必備的關鍵。因此，員工可以在工作中嘗試扮演一定的主管角色，測驗一下自己是否能運用經驗和影響力勸說別人接受一項艱巨的任務。特別是接受一項綜合類的工作，需要多個部門配合時。

- **表達能力**：是否可以更順暢地透過有效途徑使聽眾接受你所提供的資訊。這也是做主管需要具備的一項基本能力。

- **自我管理能力**：凡是領導者都具有很強的自我管理能力，不論是在行業能力上還是在意志方面的自制力、品德方面的自省上。因此，要注意在日常工作和生活中，有意識地培養和累積這方面的能力和修養，處處對自己嚴格要求。

當你透過鍛鍊，發現自己擁有以上這些能力時，也就擁有了領導力。

向主管學習

身處激烈競爭的時代中，要想讓自己變得更優秀，獲得更多成功的機會，那些聰明的員工不會錯過向主管學習的大好機會。在他們看來，主管就是身邊最好的老師，就是最好的職場晉升教練。他們會從主管的一言一行、一舉一動中觀察處理事情的方法，培養自己的領導力特質，盡快提升自己的主管能力。

那麼，主管為什麼能在短時間內快速幫助自己成長呢？因為古往今來，主管都是起表率作用的。他們或者是教化一方風俗，取得顯赫政績；

或者是統兵作戰，斬關奪隘，攻無不克；或者是為人師表等，正因為他們具有常人所及的能力威信和影響力等，才成為示範千古的做人楷模。

歷史上，戰國名將吳起，士兵傷口化膿，他親自為其吸吮膿水。李廣這種視卒如愛子的感情感動了士兵，士兵在戰爭中才能奮不顧身。漢代李廣，譽之為飛將軍，匈奴聞風喪膽，就在於他不僅自己英勇無比，而且帶出了一支能征善戰的團隊。因為他在軍中能與士卒同甘共苦，士兵沒有吃飽，他絕不進食；士兵喝不到水，他也絕不飲水，這種與士兵同甘共苦的精神贏得了戰士們的愛戴。軍隊上下一心，才能百戰百勝。

俗話說：榜樣的力量是無窮的。他們之所以能為榜樣，一定是他具備我們還沒有的特質，因此，向他們學習，就可以吸收到各種對自己的職業成長有益的養分，就可以最大限度地激發自我潛力，使我們少走很多彎路，幫助自己的事業早日成功。

因此，不論在何種職位，不論從事任何工作，員工要想提升自己的領導力和影響力，都需要向主管學習。如果你發現你的身邊有這樣一位主管，千萬不要放過向他們學習的好機會。

小傑曾經去一家企業應徵。結果，面談結束後，和他一起去的年輕人都打了退堂鼓。在他們看來，企業規模小，條件差，老闆又太苛刻、薪資低等。可是，小傑卻選擇留下來。

有人問他為什麼不換一家待遇更好的，他說：「我對老闆的印象十分深刻，我覺得他能如此低起點的情況下一個人創業就證明他有魄力、有能力。我正好從他那裡多學到一些本領，薪水低一些也是值得的。從長遠的眼光來看，我在那裡工作將會更有前途。」

結果，不到 10 年，這家企業已經發展成有影響的大型食品集團公司了。小傑也早已成為獨當一面的集團公司副總裁了。而那些和小傑一起去

應徵的人現在還是原地踏步的普通上班族。

他們的差異到底在哪裡呢？因為很多人在找工作時都在意最初的賺錢多少，而忽略了跟什麼樣的老闆，這樣的老闆是否是有發展潛力的。小傑與眾不同的是，他基於是否能從老闆身上學到東西的觀點來考慮自己的工作選擇。因為他們深深懂得，遇上一個好主管可以讓我們受益無窮，其價值遠勝於一次發財獲利的機會。因此，一旦他認定這樣的主管是自己需要跟隨的，就不會放過向主管學習的機會。而其他人不是這樣想的，他們錯過了這樣的機會，也就成了人生最大的遺憾。

所以，最好的學習對象就在我們的身邊，不要視而不見，也不要不好意思。先知才能先覺。雖然主管也有缺點，有不足，但是，他們之所以成為主管肯定有優於眾人的地方。因此，向你身邊的主管取經，這會讓你的職業生涯得到快速地提升。

像主管那樣身先士卒

凡是主管，在困難和挑戰面前，都是身先士卒的人，他們在關鍵時刻能夠置生命於不顧，勇敢地衝鋒陷陣，只有這樣才能得到人們的擁護和愛戴。

特別是在戰爭年代，那些能夠成為主管的人無一不是經受了殘酷的戰爭的考驗。在關鍵時刻，他們衝鋒在前，士兵們在他們的帶領下才勇氣倍增，奮不顧身。

在法國歷史上，年僅 30 歲的拿破崙 —— 這個出身卑微的人透過「霧月政變」居然成了法蘭西的第一執政者。拿破崙能完成從平民到將帥的跨越，不僅在於他有不滿足的向上的野心 —— 主宰法國的權力，而且他在戰爭中也表現得異於常人的大膽勇敢，面對死亡絲毫不畏懼。

1796 年 6 月，在萊茵戰役中的拿破崙就是這樣勇往直前的典型。

當時，部隊在追擊奧地利軍隊時遇到了一條河。看到河上的長橋沒有被敵方破壞，拿破崙心頭不禁驚喜不已，立刻下令渡河追去。但是，他馬上就想到了那可能是奧軍設下的陷阱，畢竟拿破崙此刻只帶了 2,000 名法軍士兵。可是，如果他因此猶豫不決起來，會拖延戰機。那樣的後果更是不可相信。時間不容許再小心謹慎地思考。因此，在法軍主力抵達河邊的時候，拿破崙決定不顧一切地進攻。

士兵們蜂擁而上，結果被奧軍的砲彈炸死在橋上不計其數。後面的士兵看到到處堆積著，漂浮著同伴的屍體，有些膽怯了。這時候，拿破崙不顧自身的安危，他猛然從犧牲的士兵手中搶過軍旗，冒著奧軍炮火的襲擊奮勇衝上了橋。士兵們看到將領如此勇敢，忘記了膽怯，在拿破崙的感召下拚命前衝，沒有多久全軍就勝利過橋，並且取得追殲勝利。

雖然英雄不一定將來會是將軍，但將軍無一例外都曾經是英雄，要成為英雄就要在戰爭中表現自己的勇敢。在別人退縮時自己勇敢地衝上去，勇於身先士卒，這就是領導者的素養和魄力。

這一點，不論在戰爭年代還是在和平時期都是同樣。主管人士只有身先士卒，做出榜樣，才有強大的號召力，才能影響員工，鼓舞他們朝著共同的理想奮進。特別時對於處於困境的員工來說，主管的身先士卒能讓員工們感受到主管在與他們一起共甘苦，會更加熱愛和擁護他們。

企業能否在眾多的競爭對手中脫穎而出，與主管人的能力和魄力有很大關係。一般來說，在企業創業時期，規模小，各方面條件差，需要主管身先士卒，做出表率。在企業發展中，當面臨「包圍」、四面受敵、士氣低落時，同樣也需要領軍人物身先士卒。那樣，員工才能在這個強大的精神支柱引領下激起鬥志。

在微軟創業期，蓋茲在工作上身先士卒，在他成為微軟領袖之後，依然是哪裡工作最關鍵，哪裡工作最艱難，就會出現在哪裡。無疑，蓋茲的身先士卒，帶動了員工工作的熱情。在他的帶動下，全體員工為了微軟的發展爭先恐後地貢獻著自己的聰明才智。

這絕不僅僅是主管們需要具備的，員工們要鍛鍊自己的領導力，同樣需要具備身先士卒的精神。這一點，就是勇於擔當的表現。

向主管學習抗壓能力

某年畢業潮，驕陽似火，還沒找到工作的應屆生心急如焚。與往年不同的是，不少應徵公司首次打出「抗壓能力」的用人要求。這類要求「抗壓能力」的字眼，首次在應徵會上出現。對此，公司表示：「我們增加員工抗壓能力這個標準。如果發現應徵人員心理脆弱，公司肯定不敢要。」

這是為什麼呢？因為許多職位不但企業內部的目標考核壓力大，而且還需要和客戶直接打交道，而客戶各種各樣，要忍受客戶情緒的發洩，正確處理好客戶的意見，沒有一定的抗壓能力，肯定不行。

比如：某大公司應徵的客服職位，就明確提出「面對客戶的各類問題，既要遵循公司規章，又要讓客戶滿意，所以要強調抗壓能力」的要求。對此，負責應徵的工作人員說，明確提出這個要求，也是對求職者負責，心理脆弱的求職者不太可能勝任這個工作。

的確，不論八年級還是九年級，大多獨苗一根，是父母的掌上明珠，他們生長於穩定和平的狀態，沒有經歷很多磨難。一旦離開父母的呵護和寵愛，要忍受主管的批評、同事的抱怨真正客戶的各種刁難，他們脆弱的心理能承受嗎？的確是個問題。如果沒有抵抗壓力的能力，就很容易出問題。

曾經在清明節前夕，一位網友曾發出感慨：「上班的心情比上墳還要沉重，壓力好大！」這或許只是一句應景的調侃之辭，但同時也凸顯了職場人士所遭受的重壓。有調查顯示，六成人士處於高壓狀態。與之相伴的，是高居不下的自殺率。

在這種情況下，員工就要注意培養自己的受挫力，增強自己的抗壓能力。在這方面，不妨向主管們學習。他們的工作量比員工要大得多，不但要對內穩定員工的情緒，而且對外還要應對社會和大眾對企業的非議和不滿。不論在身體還是在心理承受方面都要應對許多比員工更棘手的問題，如果沒有一定的心理承受能力，他們就無法領導萬馬千軍。

馬來西亞特利烏利集團目前是馬亞西亞商業界舉足輕重的一個大企業。然而總裁吳金龍，這位華裔商人卻是在承受了眾多的壓力下百折不彎才走到今天的。

從一貧如洗到富有，從富有又到一貧如洗，失敗了成功，成功後又失敗。成功時別人的攻，失敗後的冷言冷語、無情攻擊，吳金龍先生都以常人難以忍受的心情隨下來了。

吳金龍年輕時繼承父親留下來的一片水果店，由於苦心經營，水果店的生意越來越好，很快在市中心開了一家很大的水果批發店。結果卻引起了同行的注意和忌妒。外邊傳著吳金龍店裡的水裡是相當劣質的，特別是以優充劣。店裡的生意因此一落千丈。

當時，店員都顯得很恐慌，吳金龍卻相當鎮靜，他想，「腳正不怕鞋子歪」，讓他們說去吧。可是，謠言並沒有停止，而且越傳越有板有眼的，說吳金龍賣的劣質水果毒死了人。

事情也很碰巧，確實有一老太婆因吃東西而死去。當警察來店裡調查時，憤怒的人們在不明實際的情況下，群起而砸了吳金龍的店。吳金龍頓

時從小老闆淪落為街頭流浪漢。

後來，警察局公告出來說明是冤枉吳金龍的店時，眾人才停止了責罵。於是，吳金龍只能把委屈埋在心裡，重頭再來，重新創業。可是，當他的事業小有起步時，又發生了意外，吳金龍再一次一無所有。

那時的吳金龍已經 50 多歲，不但身無分文，而且有些人還翻他當年的老底，汙衊他當年賣水果曾毒死過人。吳金龍此刻並沒有申辯，此刻的他，早已飽經風霜，心理早已做好應對一切的承受能力。他沒有絕望，他把所有的壓力都看成了激勵自己奮鬥的動力。還在思謀著重新創業的契機。

後來，由於他的誠懇和為人，朋友們紛紛向他伸出緩助之手。在他朋友們的求援下，吳金龍終於東山再起。經過幾年的創業，他的事業得到突飛猛進的發展。他深信總有一天，他會把特利烏利的牌子掛在紐約大街上。

對此，吳金龍說：「當年我若是披那些困苦所擊中，從此沉淪下去，那便是跌入萬劫不復的深谷，那我更會一事無成的。作為企業主管，重要的是如何去保持坦然、超然的境界。」坦然、超然的境界就是一種抗壓能力。正因為他們心態坦然，因此才能在壓力面前能夠保持這樣臨危不亂的境界。

人不是生活在真空中，必然要受到各種不可預測的挑戰或者人際關係之間的誤解，面對打擊，拿破崙曾說過：「一個統帥應該隨時保持這樣的心境，一切都大不了再從頭來過。沒有什麼能真正打擊我的。」此乃企業主管的心理戰術。同樣，員工們要提升自己的領導力，也需要向主管學習。因為在企業遭受困難時，如果只是主管一個人抗壓能力強，而員工不堪一擊，主管一個人也支撐不了多長時間。因此，員工對於抗壓力也不可不學。

　　再者，從自身成長來看，任何一個人要成就一番事業，不論主管還是員工都需要這種不氣餒、不怕經受磨難的頑強鬥爭。

　　總之，在工作中，不論是自己要成就一番事業還是完成從員工到領導者的跨越都需要具備一定的抗壓力。只有提升自己的意志力和社會適應能力，才能更好地抗壓抗挫折。此外，處理好和主管同事的關係，讓自己生活在一個快樂的氛圍裡也有助於減輕自己的壓力感。

學習主管轉危為機的能力

　　在企業的發展過程中不可能不遭遇意外的危機，此時，主管如果具有力挽狂瀾的能力，就能帶領企業衝出危機。此時，站在主管身邊、和他們一起經歷危機的員工們千萬不要忘記向主管學習的好機會。因為越是在危機時刻，越是主管能力、信心等方面經受考驗的時刻，此刻，他們的領導力就像驚濤駭浪的拍打下的岩石那樣會發出驚異絢麗的浪花。

　　在危機時刻，領導者自身的能力固然重要，此外，他們能夠贏得眾人的支持和理解，重樹信念更重要。因為，要轉危為機，首先需要鼓勵起人們戰勝危機的信心。能夠鼓勵起全體員工的信心，員工才能在管理者的主管下，齊心協力，共同戰勝危機。此刻，管理者的領導力和影響力也發揮著重要作用。

　　1996 年 1 月 28 日，美國第二架太空梭「挑戰者」號在進行第 10 次飛行時，從發射架上升空 70 多秒後發生爆炸，墜入大西洋，7 名機組人員全部遇難。美國舉國震驚。

　　雷根總統得到副總統布希關於爆炸事件的初步報告後，立即打電話向 7 名太空人的家屬轉達了「慰問」。總統還下令，美國各地的建築物和派駐世界各地的軍事哨所紛紛降下半旗致哀。

在第二天休士頓太空中心（Space Center Houston）為遇難太空人舉行的追悼會上，雷根不僅只是表示哀悼，安慰大眾的情緒，他還及時表明了政府繼續進行太空事業的決心。雷根說：「我所接觸的每一位英雄的家庭成員都特別地請求我們一定要繼續這項計畫，這項他們失去的可愛的親人所夢求實現的計畫。我們絕不會使他們失望。」

他說：「今天，我們向夥伴們保證，他們的夢想絕沒有破滅，他們努力為之奮鬥去建設的未來一定會成為現實。人類將繼續向太空出發，不斷確立新的目標，不斷取得新的成就。這正是我們紀念『挑戰者』號 7 位位英雄的最好方式。」

雷根鼓舞人心的講話為一片悲悼之聲注入了昂揚的音符，贏得了美國人民對太空事業的進一步支持。講話結束後，就有許多青年男女紛紛報名參加太空人。

作為唯馬首是瞻的主管，就要勇敢地面對所有不確定性的與可能的失敗。特別是在危機面前，沉著冷靜地應對，用果斷有力的措施消除危機，用激動人心的話語鼓勵眾人的信心，就是領導者的表率作用的具展現。

在這方面，員工們需要學習他們臨危不亂的大將風度。那樣，在自己的工作中，遇到突發的意外事故時才不至於亂了針腳，才不至於擴大危機。員工具備了處理危機的能力，主管們自然就可以輕鬆許多。

像主管那樣執著

在目標的實觀中，我們總會遇到很多困難，特別是當他人都在否定自己時，此時，是退縮還是堅持？

英特爾前總裁安迪‧葛洛夫（Andy Grove）說過：「只有偏執狂才能夠成功。」如果你相信自己的追求是正確的，那就要堅持下去，不顧一切，

一直向著目標跑。執著能讓我們為了自己的理想而堅持下來，突出重圍。

松下年輕時家庭貧困，小小年紀就外出當學徒。在經歷了看小孩、洗尿布等類似家政服務類的打工的經歷後，逐漸長大的他決心學一門在社會上能立足的技術。當時，他看準了新興的電器行業，便興沖沖來到一家電器工廠去應徵。

誰知，負責人當頭就給他潑了一盆冷水。他看著衣著寒磣、身材瘦小的松下，斷然拒絕說：「我們現在暫時不缺人，你一個月後再來看看吧。」

這本來是個託詞，但沒想到一心想進入電器廠的松下一個月後居然真的來了。

那位負責人沒想到松下居然這樣認真，於是又找藉口說：「我們這裡的工人都要注意形象。像你這身打扮實在影響我們的形象。」

負責人想，這下總算打發走了吧。可是，沒幾天，衣著整齊的松下又站在他面前。原來松下回去借了些錢買了一套新衣服。這次，負責人一看在形象上找理由是不行了，於是又告訴松下：「你以前沒在電器類工廠打過工，我們要有經驗的。」這是松下沒想到的，確實把他打發走了。

可是，兩個月後的早晨，松下又站在這位負責人面前，他興沖沖地說：「我已經學了不少電器方面知識，您讓我試試吧。看我哪有差距，我一定彌補。」

這位負責人驚訝地盯著松下看了半天，這下，松下終於進了這家工廠。

以後的松下，也正是憑著這種執著追求、絕不放棄的堅強毅力，打造出了一個龐大的松下電器王國，他就是被稱為日本經營之神的松下幸之助先生。

大凡領導者，都有一種堅定的毅力，對於自己追求的和想要達到的從不懷疑，也絕不動搖。這種「毅力」精神就是不達目的誓不罷休。工作

中，只有具備執著精神的人，才會取得成功。

有些員工之所以在自己的職業生涯中，一直沒有達到理想的目標可能就是缺乏這種執著的精神，他們不是朝三暮四就是缺乏定力，半途而廢。不能在同一職位累積經驗和知識，永遠也到不了自己所希望的理想的境界。

在企業的發展過程中，不可能一帆風順。有時候，當生活的壓力逼著你屈服時，能以頑強的毅力、堅定的信念執著於自己的目標，確實不易。當條件不成熟時，就要耐心等待機會。這種等待，雖然好像就是在原地不動，但是，信守一份執著，就是信守一份希望。如果沒有「執著」的精神，堅定的信念和堅忍不拔的努力，就無法做到和企業同舟共濟，更無法成為企業建設的接班人，更無法在將來擁有一份事業。因此，不論從自身發展考慮還是從企業發展考慮，每位員工若要現在就該培養一種像主管那樣的執著精神。

像主管那樣有一顆善於包容的心

得人心者得天下，而寬容是得人心的重要手段。領導者面對的下級或群眾都是有缺點並可能犯錯誤的人，如果不用寬容的眼光看待，不善於原諒和諒解，你就可能成為下級和群眾的公敵。而寬容展現領導者的智慧。只有團結所有河流才能匯成海洋。

洛克斐勒能做大石油帝國，不僅因為他有獨特的經營才能，而且他還是一個胸懷及其寬廣大度的人。他從美孚（Mobil）集團總裁的位置退休後，選定的第二任董事長就是自己曾經的冤家對頭阿吉伯特。

業內人士都值得，阿吉伯特可是最堅定的反對洛克斐勒的人。

曾經，為了徹底壟斷石油行業，洛克斐勒成立了一家控股公司，計劃

吸收並控制一些有影響的石油公司。那樣的話，那些不參加聯盟的中小企業只有等待破產。

當時，阿吉伯特擁有自己的煉油業，看到自己苦心經營的事業面臨著被洛克斐勒收購的危險，他當然於心不忍，於是奮起反抗。用善辯的口才開始遊說那些中小企業家，不向洛克斐勒集團提供原油。同時，他還印刷了了2萬份傳單，分別送給華盛頓聯邦議院和州法院。這下，人們紛紛譴責洛克斐勒置弱勢的中小企業生死於不顧。

洛克斐勒經歷了平生第一次大失敗，也遇到了平生第一位強敵。但是，洛克斐勒畢竟是做大事業的人。他明白大事業要有大胸懷，因此，他並沒有打壓阿吉伯特本人，而是開始嘗試接觸阿吉伯特。在明白了阿吉伯特那些中小企業主的苦衷後，洛克斐勒想了個萬全之策，以高價收購原油，並且陳明小油廠和「南方開發公司」之間的利害關係。阿吉伯特看到了洛克斐勒的胸懷和遠見，最終加入了洛克斐勒的陣營，幫助他完成了一統天下的霸業。

洛克斐勒之所以能創下千年霸業，離不開他的包容之心、容人之量。洛克斐勒的胸懷就是一切以事業為出發點，只要對事業發展有利，哪怕對手他也要變成朋友。因此，在洛克斐勒龐大的石油帝國中，不論是律師還是財務管理人員，都有一些是他曾經的對手。可是，這些朋友式的員工和為美孚的發展立下了不可抹殺的功績。

由此可見，胸懷越寬，團隊越大。領導者應該擔當著「領頭羊」的角色，如果對自己看不慣的下屬打擊排擠，對對手趕盡殺絕，就不是胸懷寬廣的表現。

儘管商場如戰場，但是，競爭對手畢竟不是永遠的敵人。商場上，一切以利益為原則，分久必合。即便他們為了一時的利益和你分道揚鑣，但

是在某些方面也可以幫助自己前進。

波音公司（The Boeing Company）用一種「敵人對我們怎樣看」的計畫程序來促進內部改革。它讓各部門的經理就像是為對手工作一樣，開動腦筋，研究擊敗波音公司的策略，想想對手會利用波音公司的什麼弱點？會利用自己的什麼優勢？當然，我們並不是說，一家成功的公司只有依靠這種方法，才能保持生機和活力。但是，一個優秀的競爭對手的確可以促進自己進步。因此，不論是對下屬還是對競爭對手，都需要一顆包容的心。只要能夠為你所用，就要包容他們曾經的過錯，這樣的主管才是做下屬效法的對象和偶像，才有資格主管群眾前進。

當然，主管的這種包容是建立在以大局為重，以整體為重的基礎上的。為了大局穩定，他們善於團結有不同政見的同事一道工作，不以個人恩怨和主觀偏見作為劃分親疏的標準。但是，他們對待自己卻是嚴以律己，比如：不利用職權搞特殊，牟取私利；始終把自己置於黨性原則和道德規範之中，經常檢查自己，看自己的言行舉動是不是符合各項準則、制度和規定。他們懂得，作為主管幹部，一舉一動都受到周圍群眾的注意，只有做到以公律己，群眾才會心悅誠服。因而，他們對自己的缺點錯誤絲毫不包容，善於解剖自己，反思自己、發現自己的不足。他們懂得，在事實面前虛心認錯，人品會更高。只有及時調整，才利於更好地開展工作。同樣，員工要提升自己的領導力也需要一顆包容的心。特別是在與同事相處時要注意容納、包涵、寬容及忍讓，要體諒他人，遇事多為別人著想。為人處世要心胸開闊，寬以待人，即使別人犯了錯誤，或冒犯了自己，也不要斤斤計較，以免因小失大，傷害相互之間的感情。只要做事業、團結有力，做出一些讓步是值得的。

寬容才能包容，能包容的人不會用放大鏡去看自己的成績和長處，用

顯微鏡看別人的缺點和短處。

　　他們在與人相處時會尋求心理相容，尋找共同點。運用和掌握這些原則，是處理好人際關係也是建設和諧團隊的基本條件，也是提升自己的領導力需要具備的因素之一。

向主管學習平易待人

　　主管，不論能力多強，地位多高，也不能高高在上。主管應在同儕、下級面前展示自己的能力，同時在同儕和下級面前有親和力。如果只知道發號施令，往往很難取得下屬的愛戴。相反，平易地和下屬交流觀點、想法，保持耐心，虛心聽取他們的意見，是領導者必備的素養。這也是獲得優秀領導力的全部祕密。

　　沃爾瑪董事長山姆‧沃爾頓（Samuel Moore Walton）經常參觀本公司的商店，透過和員工們聊天，了解他們的困難和需要。沃爾瑪公司的一位員工回憶說：「我們盼望董事長來商店參觀時的感覺，就像等待一位偉大的運動員、電影明星或政府首腦一樣。當他一走進商店，我們原先那種敬畏的心情立即就被一種親密感受所取代。他以自己的平易近人把籠罩在他身上的那種傳奇和神祕色彩一掃而光。參觀結束後，商店裡的每一個人都清楚，他對我們所做的貢獻懷有感激之情，不管它多麼微不足道。每個員工都似乎感到了自身的重要性。這幾乎就像老朋友來看你一樣。」

　　沃爾頓平易待人的行為獲得了員工的擁戴。

　　平以待人不僅能夠贏得員工的愛戴，而且也可以讓員工廣開言路，有助於主管了解基層的情況，也有利於拓展主管的視野，增加解決問題的方法。山姆‧沃爾頓在一篇文章中寫道：「我們都是人，都有不同的長處和短處。因此，平易虛心地待人加上很大成分的理解和交流，一定會幫助我

們取得勝利。因為，基層員工最了解情況。在主管和他們平等的接觸中，他們也會因為感情上增加了好感而說出自己的錦囊妙計。」

曾經，在美國福特汽車公司（Ford Motor Company），創辦人亨利·福特（Henry Ford）就是很注意平易近人，他總是鼓勵各級管理人員和技術人員完整而清楚地說出自己的看法。

一天，福特剛剛結束每天例行的巡視，時間已是深夜，沒想到，他在工廠門口遇見了一位滿嘴酒氣的員工。這時，有人跑來要架開這個醉漢。福特卻蹲下身子安慰道：「朋友，回家睡覺去吧？」

沒想到，這位員工粗聲粗氣地吼道：「叫我睡覺？我怎麼回去。」於是福特攙起可憐的醉漢走到工廠的警衛室裡坐下，為他倒了一杯水。

燈光下，醉漢看清為自己倒水的是老闆後，大驚道：「老闆，我有好主意。」

福特想到最後吐真言，輕聲細語地說道：「朋友，我知道你的計謀甚多，說出來，讓我聽一聽。」

於是，在醉漢有些顛倒的談話中，福特理出了頭緒：要生產價廉物美的汽車，須聘請專家進行流水線裝配的試驗；還要建立穩固的銷售網。針對銷售網，要在各地銀行存一筆錢，條件是讓這筆錢專用於經銷人的貸款。」

這可是福特從來沒有考慮到的。經過認真考慮後，他開始按照醉漢所說的實施，結果幾招果然有奇效。到 1920 年 2 月 7 日，福特廠創造了每分鐘生產一輛汽車的記錄。

領導者在何時何地，都應是學習者，只有放下架子，放下成見，虛心學習，才能成為一個開放的領導者，有價值的管道才會向你暢通無阻。福特的成功取決於他平易近人，傾聽別人的意見，尊重和運用下屬的意見。

這一點，員工也需要具備，特別是那些頗有才華的員工不能因此而心

高氣傲，看不起他人。如果不能平易近人、不虛心學習，等於把自己進步的道路堵死了。

像主管那樣永遠服務大多數

主管如果要樹立自己的權威，贏得人們的支持，一個顛撲不破的真理就是永遠服務大多數。縱觀古今，凡是受人們擁護和愛戴的領袖人物無一不是遵循著這樣的原則。

在企業中，特別是中層主管，當你面臨上級的意見和自己的實際情況不符時，怎麼辦？簡單地唯上可能會損害下屬的實際利益，不唯上自己在主管的心目中會留下執行不力的印象，以後自己的工作又會難以開展。說不定烏紗帽都會摘去。這時，應該怎麼處理。

如果主管的指示和意見確實和自己的實際情況有出入，而且自己辯駁也無力時，千萬要牢記這個原則：服務大多數，爭取深厚而牢固的群眾基礎。

這種服務理念不僅適合主管，同樣也適合成長中的員工。員工的成長離不開團隊。在企業中，雖然員工的成長和晉升離不開主管的賞識，但是，自己要把根深深地扎在員工心中，這是你賴以生存的豐厚的沃土。只有在員工中樹立了自己的威信，有深厚的群眾基礎，具備了一定的領導力，主管才會把帶領團隊的重任放心地交給你。因此，對於這一點，員工們一定要有清醒的認識，而不是僅圍著幾個關鍵的主管轉。

被領導學：

當下屬別只是坐著乾等，向主管學習，直接培養你的領導能力！

編　　著：戴譯凡，原野

封面設計：康學恩

發 行 人：黃振庭

出 版 者：財經錢線文化事業有限公司

發 行 者：財經錢線文化事業有限公司

E-mail：sonbookservice@gmail.com

粉 絲 頁：https://www.facebook.com/
　　　　　sonbookss/

網　　址：https://sonbook.net/

地　　址：台北市中正區重慶南路一段六十一號八
　　　　　樓 815 室

Rm. 815, 8F., No.61, Sec. 1, Chongqing S. Rd.,
Zhongzheng Dist., Taipei City 100, Taiwan

電　　話：(02)2370-3310

傳　　真：(02)2388-1990

印　　刷：京峯彩色印刷有限公司（京峯數位）

律師顧問：廣華律師事務所 張珮琦律師

定　　價：350 元

發行日期：2023 年 01 月第一版

◎本書以 POD 印製

國家圖書館出版品預行編目資料

被領導學:當下屬別只是坐著乾等，向主管學習，直接培養你的領導能力！/ 戴譯凡，原野編著 . -- 第一版 . -- 臺北市：財經錢線文化事業有限公司 , 2023.01
面；　公分
POD 版
ISBN 978-957-680-551-6(平裝)
1.CST: 職場成功法 2.CST: 工作心理學
494.35　　111018749

電子書購買

臉書

獨家贈品

親愛的讀者歡迎您選購到您喜愛的書，為了感謝您，我們提供了一份禮品，爽讀 app 的電子書無償使用三個月，近萬本書免費提供您享受閱讀的樂趣。

ios 系統

安卓系統

讀者贈品

請先依照自己的手機型號掃描安裝 APP 註冊，再掃描「讀者贈品」，複製優惠碼至 APP 內兌換

優惠碼(兌換期限2025/12/30)
READERKUTRA86NWK

爽讀 APP

- 多元書種、萬卷書籍，電子書飽讀服務引領閱讀新浪潮！
- AI 語音助您閱讀，萬本好書任您挑選
- 領取限時優惠碼，三個月沉浸在書海中
- 固定月費無限暢讀，輕鬆打造專屬閱讀時光

不用留下個人資料，只需行動電話認證，不會有任何騷擾或詐騙電話。